古早味
海鮮料理

潘宏基　著

作 者 序

從學徒開始至今，從事廚師這個工作已有30年。

當初因為家裡的經濟環境不是那麼理想，所以國中畢業後就選擇進入廚師這個行業。在餐廳的工作並非想像中的輕鬆，宏基師傅從最基本的工作做起，一早起來要先準備師傅需喝的茶、使用的抹布、洗碗、整理廚房等，做了3～5個月，大師傅看宏基師傅對餐飲的熱誠，破例讓宏基師傅接觸烹飪的工作，於是宏基師傅開始進入了製作料理的前置作業，從洗菜、切菜、整理食材、醃漬食材、肉類的切割、海鮮類的宰殺，一做就是30多年，期間曾跟隨多位大廚學習手藝，也讓他在台菜、川菜、廣東菜的廚藝方面精進不少。

宏基師傅很感念自己的出身，讓他有豐富的情感體驗，才能設計出「讓人吃進心坎裡」的菜餚。一身潔白的廚師服、整齊的領巾和廚師帽，臉上掛著「平易近人」的親切笑容，他就是魅力橫掃男女老少的台灣名廚——「宏基師傅」，極品日式海鮮餐廳行政總主廚潘宏基。

踏入餐飲一行30年的宏基師傅，是個天生的廚師。從小他就發現自己的味覺特別敏銳，任何菜餚入口，他閉著眼都能解出其中的用料。在學習料理的過程中，承蒙潘瑞政（阿財師）、李勝斌（阿斌師）及廖德貴（阿文師）這三位師傅的教導與傳承，加上自己日積月累的鑽研、摸索，才領悟到做菜的心得與博大精深的學問，更是感嘆學無止盡。宏基師傅不只將燒菜視為一門技術，更歸納出人生哲理與科學，所以無論在廚房教學徒與在課堂上教學生，都是最受歡迎的老師。

入行30年，宏基師傅始終對每一道端上桌的菜都「斤斤計較」。因為他相信：「做人可以隨便，不必太計較；但做菜絕不能隨便。」做好菜的關鍵就在於用心，他相信無論是做菜或做任何事情，只要自己肯努力用心，虛心且腳踏實地去學習，許多事一定都能做得很好。宏基師傅表示，他現在會去做一些「讓人吃進心坎裡」的料理，他認為「做菜是一種心靈的分享」，「食物如果沒有內涵，充其量只是把它煮熟、鹹淡酸甜對了而已。」宏基師傅不認為自己「有成就」，他笑說：「我只是選擇了自己喜歡做的事，然後把它做對做好，無愧內心，這種感覺很棒。」

宏基師傅曾出數十本膾炙人口的食譜，現在他將私房的海鮮料理技術，傾囊教授給各位讀者，將多年的做菜經驗，轉化為家庭最易上手的料理技法，書中的海鮮食材都是在一般市場、大賣場

所常見的，絕不是特定餐廳或食堂才能叫得到貨的！也不用到遠處某觀光漁港才能買得到的食材！運用家庭的爐火就能做出六星級餐廳的美味料理。

海鮮的美味是胺基酸的奇妙組合，其細緻的風味變化，使海鮮料理被認為是烹飪的最高境界，十萬年前，海鮮的奧米加三脂肪酸更使人類的大腦呈倍數成長。

本書總共收錄108道海鮮料理，內容依食材——花枝、蝦、蟹、魚、貝及鮮蚵、九孔、河鰻、海蜇等分為五大單元，以家常的口味為主，教大家如何輕鬆處理漁鮮，利用燙、醃、燴、煮、燒、烤、燜、炒、煎、蒸、拌等烹調手法，加上私房配方，經由巧思製作，呈現海鮮的獨特美味。在家自己就能簡單做出一桌海料理。

廚 藝 達 人

潘 宏 基

目錄 CONTENTS

◎ 中卷、生魷魚處理法 ◎

中 卷

(1) 拔除墨管，取出內臟。

(2) 用刀或剪刀由背部直接切入。

(3) 從左邊交叉斜切劃十字花刀。

(4) 再切成一寸四方的塊。

生魷魚

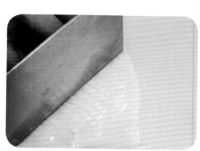

(1) 用刀或剪刀由背部直接切入。

(2) 再由左邊切成十字花紋。

(3) 用刀由中間剖開成兩片。

(4) 再改分切為1寸四方的塊。

◎ 花枝、乾魷魚處理法 ◎

(1) 拔除甲殼、墨袋，取出內臟。

(2) 撕去外膜、洗淨。

花 枝

(3) 由眼下處以刀直接切入，用手指取出眼珠、洗淨。

(4) 在無膜的一面（內側）先直刀劃上直刀紋，再橫批刀切成1寸四方的塊（梳子花刀）。

(1) 撕去外膜、先淨。

(2) 在無膜的一面（內側）先從右邊斜切劃上刀紋，再從左邊交叉斜切劃上十字花刀。

乾魷魚

(3) 由中間剖開成兩片。

(4) 再切成一寸四方的塊。

7

◎ 旭蟹處理法 ◎

旭 蟹

(1) 先除去旭蟹臍。

(2) 打開旭蟹蓋。

(3) 除去鰓洗淨。

(4) 用刀背拍破蟹鉗。

(5) 將蟹身剁成塊。

◎ 紅蟳處理法 ◎

紅　蟳

(1) 用手按住蟳蓋，再用剪刀插進蟳嘴內。

(2) 打開蟳蓋。

(3) 除去鰓、臍洗淨。

(4) 用刀背拍破蟳鉗。

(5) 將蟳身剁成塊。

△ 花蟹的處理方法同上。

◎ 鱸魚處理法 ◎

鱸魚去魚鱗。

切開魚腹。

取出內臟。

去魚鰓。

去魚鬚。

去魚鬚。

去尾鰭。

去背鰭。

修整尾巴。

魚腹切開。

魚腹切開。

魚腹切開。

魚身斜劃2-3刀。

魚身斜劃2-3刀。

魚身斜劃2-3刀。

魚身斜劃2-3刀。

剁取魚頭。

由魚背脊切下兩面魚肉。

由魚背脊切下兩面魚肉。

切取魚肉上的刺。

◎ 黃魚處理法 ◎

黃 魚

黃魚去魚鱗。

黃魚去魚鱗。

剪開魚腹。

清除內臟。

去魚鰓。

去背鰭。

去魚鬚。

去魚鬚。

去尾鰭。

修整尾巴。

魚身斜劃2-3刀。

魚身斜劃2-3刀。

魚身斜劃2-3刀。

魚身斜劃2-3刀。

以骨刀切取頭。

切魚尾。

由魚背脊切下兩面魚肉。

由魚背脊切下兩面魚肉。

由魚背脊切下兩面魚肉。

切取魚肉上的刺。

花枝篇

花枝篇

所謂花枝就是台語對烏賊和生魷魚的統稱。

烏賊雖擁有低熱量、高膽固醇的牛磺酸，只要不食過量即可。選購烏賊時，要注意新鮮的烏賊肉質要彈性十足、眼大而向外突出；如果是眼睛發白且下垂者，表示不新鮮更甚者則會呈粉紅色。

烏賊是軟體動物門十腕形的頭足類動物，多分佈在近海海底。烏賊和管魷共有四百多種，具有石灰質船鞘殼的墨魚或僅具透明軟甲的鎖管和魷魚，均是我們通稱的烏賊。

烏賊較無腥味，不像魚血會沾汙雙手，是非常方便烹調食材，而且最大的特色是不會因冷凍而失去鮮味，所以方便儲存。

此篇搭配了各種素材，囊括了各種料理法，取材容易且做法簡單，讓您烹調出美味的花枝料理，在小酌大宴上再一展身手。

沙拉蛋黃中卷

TIPS

▲ 可將高麗菜切絲，洗淨瀝乾水份做為盤飾墊底用。

材料：

中卷 1隻（約200公克）· 洋火腿 50公克
鹹蛋黃 8個 · 青豆仁 30公克

調味料：

鹽 1/8茶匙 · 糖 1/4茶匙 · 胡椒粉 1/4茶匙
太白粉 1大匙

醬料：

沙拉醬 100公克

做 法：

1. 將中卷身不切開，在尾部剪一小孔以方便清洗，洗淨後瀝乾水份；洋火腿切小丁；鹹蛋黃用手捏碎。

2. 取碗1個，放入火腿丁、鹹蛋黃、青豆仁，加入鹽、糖、胡椒粉、太白粉，混合攪拌均勻成餡料。

3. 將已瀝乾水份的中卷身，塞入餡料填滿以牙籤封口，置於盤中，再填滿餡料的中卷身上，用牙籤戳上數個小洞，以防止蒸時中卷裂開。

4. 將中卷放入蒸鍋內用中火約蒸25分鐘，熟後取出，切片、擺盤。吃時可沾沙拉醬食之。

彩椒炒中卷

做　法：

1. 將中卷處理乾淨，放於砧板上，攤開成一大片，由內側用刀斜切十字花刀再改切塊，頭切成條；青、紅椒去籽分別切條；生香菇去蒂切長條；薑切片；蒜頭切片；蔥切段；辣椒去籽切條。

2. 鍋內放3杯水煮滾，將香菇條汆燙約10秒撈出，隨即放入中卷塊，汆燙約15秒，撈出瀝乾水份。

3. 鍋內下1大匙油爆香薑片、蒜片、蔥段、辣椒，隨即放入香菇、青、紅椒條、中卷塊略炒，加入高湯、米酒、鹽、糖，改用大火快炒，待熟、湯汁稍略收乾時，用太白粉水勾適量薄芡，淋上香油拌勻，起鍋擺盤即成。

材　料：

中卷 1隻（約300公克）‧紅甜椒 1個（50公克）
青椒 1個（50公克）‧生香菇 2朵
薑 1小塊（5公克）‧蒜頭 2個（5公克）
蔥 1支 ‧辣椒 1根‧沙拉油 1大匙

調味料：

高湯 120cc‧米酒 1/2茶匙
鹽 1/2茶匙‧糖 1/4茶匙
太白粉水 1茶匙
香油 適量

柳松菇中卷

材料：

中卷 1隻（約250公克）· 柳松菇 70公克
紅蘿蔔 1塊（約15公克）· 竹筍 20公克
青椒 10公克 · 薑 1小塊（10公克）· 蔥 1支
辣椒 1根 · 沙拉油 1大匙

調味料：

高湯 120cc · 米酒 1/2茶匙
鹽 1/2茶匙 · 糖 1/4茶匙
太白粉水 1茶匙
香油 適量

做 法：

1. 將中卷處理乾淨，放於砧板上，由內側用刀斜切十字花刀，再改切塊，頭切成條；柳松菇切去根部洗淨；紅蘿蔔削皮切長片；竹筍削去粗皮切長末；青椒去籽切菱形片；薑切片；蔥切成段；辣椒去籽切片。

2. 鍋內放水（份量外）煮滾，將柳松菇、紅蘿蔔片、竹筍片氽燙約10秒撈出，隨即放中卷塊氽燙約15秒，取出瀝乾。

3. 鍋內下1大匙油，爆香薑片、蔥段、辣椒，隨即放入柳松菇、紅蘿蔔片、竹筍片、青椒片、中卷塊略炒，加入高湯、米酒、鹽、糖，改大火快炒，待熟、湯汁稍略收乾時，用太白粉水勾適量薄芡，淋上香油拌勻起鍋擺盤即成。

繡球中卷

做法：

1. 將中卷處理乾淨，放於砧板上，攤開成一大片，再改切細絲，頭也切細絲；洋火腿切絲；蔥切成絲；雞蛋1個煎成蛋皮再切絲；青江菜洗淨瀝乾備用。

2. 取碗1個放入中卷絲、絞肥油、火腿絲、蔥絲、蛋皮絲混合拌勻，續放米酒、鹽、糖、胡椒粉、雞蛋、太白粉，攪勻成餡料，逐個做成6個繡球；青江菜用水汆燙熟後擺盤。

3. 將做好的繡球放入抹有1茶匙油的盤裡，入蒸鍋內蒸10分鐘，熟後取出擺盤。

4. 鍋內放入高湯、鹽、糖煮滾，用太白粉水勾適量薄芡，加入香油拌勻起鍋淋於繡球上即成。

材　料：

中卷 1隻（約200公克）・絞肥油 50公克
洋火腿 10公克・蔥 2支・雞蛋 1個・青江菜 6棵
沙拉油 1茶匙

醃拌料：

米酒 1/4茶匙・鹽 1/8茶匙・糖 1/4茶匙
胡椒粉 1/4茶匙・雞蛋 1/2個・太白粉水 1大匙

調味料：

高湯 150cc・鹽 1/4茶匙
糖 1/4茶匙・太白粉水 1茶匙
香油 適量

17

百寶繡球

🔪 材　料：

中卷 1隻（約160公克）
豬絞肉 50公克・洋火腿 15公克・泡水香菇 2朵
韭菜 6小支（15公克）・高麗菜葉 3大片
鹹蛋黃 1/2個 ・珍珠菇 20公克・沙拉油 1茶匙

🍴 拌炒料：

高湯 75cc・米酒 1/2茶匙・醬油 1/2茶匙
糖 1/2茶匙・胡椒粉 1/8茶匙・太白粉水 1/2茶匙
香油 1/4茶匙

🧂 調味料：

高湯 150cc・鹽 1/4茶匙・糖 1/4茶匙
太白粉水 1茶匙・香油 適量

🍲 做　法：

1. 鍋內放3杯水煮滾，將高麗菜葉汆燙熟取出，漂水沖涼瀝乾水份，續將韭菜汆燙熟再漂水沖涼取出，將高麗菜葉片修成6片圓型。

2. 將中卷處理乾淨，先切成條，再改切細丁；頭也切細丁；洋火腿切細丁；泡水香菇去蒂，捏乾水份，切成細丁，鹹蛋黃半個分切成6小塊；珍珠菇用水沖洗乾淨。

3. 鍋內下1茶匙油，爆香香菇末，隨即放入中卷丁、豬絞肉、火腿丁略炒，加入高湯、米酒、醬油、糖、胡椒粉拌炒均勻，再用太白粉水勾薄芡，淋上香油，起鍋做餡料。

4. 高麗菜葉平鋪於砧板上，將炒好的餡料放置於葉片中間，再用韭菜綁緊，用剪刀剪去多餘的韭菜，再分別放入鹹蛋黃，置於盤內，放入蒸籠約蒸8分鐘，熟後取出擺盤。

5. 鍋內放入高湯煮滾，加入鹽、糖、珍珠菇，用太白粉水勾適量薄芡，淋上香油拌勻，起鍋淋於繡球上即成。

三杯中卷

做　法：

1. 將中卷處理乾淨，中卷身不切開在尾部剪一小孔以方便清洗，再改切為寬1公分的圈，頭切成條；薑切片；辣椒切成段；九層塔摘去粗莖洗淨。

2. 鍋內放3杯水煮滾，將中卷圈汆燙約15秒，撈起。

3. 炒鍋或三杯鍋內放入2大匙麻油，將薑片、蒜頭用中火炒至呈金黃色，放入辣椒、米酒、醬油、醬油膏、蠔油、辣豆瓣醬、冰糖、麥芽糖、肉桂粉煮滾，再放入中卷圈，蓋上鍋蓋，用中火燜煮約2～3分鐘，待湯汁收乾時加入九層塔拌炒均勻即成。

材　料：

中卷 1隻（約250公克）・蒜頭 10個（約50公克）
老薑 1塊（約50公克）・辣椒 1根
九層塔 10公克・麻油 2大匙

調味料：

米酒 120cc・醬油 1茶匙・醬油膏 1/2茶匙
蠔油 1/2茶匙
辣豆瓣醬 1/2茶匙
冰糖 1/4茶匙
麥芽糖 1/2茶匙
肉桂粉 1/4茶匙

銀絲莧菜羹

材料：

中卷 1隻（約150公克）·莧菜 150公克
洋火腿 15公克·竹筍 30公克
金茸菇 50公克·蒜頭 2個·熟豬油 1大匙

調味料：

高湯 1000cc·鹽 1/2茶匙·糖 1/4茶匙
胡椒粉 1/4茶匙

太白粉水：

乾太白粉 2大匙
水 1大匙·香油 適量

做法：

1. 將中卷處理乾淨，放於砧板上，攤開成一大片，再切細絲，頭也切細絲；莧菜切段；竹筍削去粗皮切絲；洋火腿切絲；金茸菇去根部洗淨；蒜頭切末。

2. 於鍋內放入 3 杯水煮滾後，將莧菜汆燙好熟時撈出，擺放於湯碗中倒扣於羹盤內，再分別汆燙竹筍絲、金茸菇；中卷絲燙約10秒後撈出洗淨，瀝乾水份。

3. 鍋內下1大匙熟豬油爆香蒜末，隨即放入高湯、中卷絲、火腿絲、竹筍絲、金茸菇，加入鹽、糖、胡椒粉煮滾，撇去泡沫，用太白粉水勾適量薄芡，淋上香油拌勻，起鍋盛於莧菜旁即成。

魚香花枝

做法：

1. 將花枝處理乾淨，放於砧板上攤開成一大片，由內側用刀切成梳子花刀，再改切塊，頭切成條；蒜頭、薑切末；蔥切成段；荸薺、木耳切片；四季豆去蒂，撕去粗絲切成斜段。切好花枝塊用鹽、米酒、蛋白醃漬1分鐘，再拌入太白粉攪勻。

2. 鍋內放4杯油燒至180℃，放入花枝塊用中火炸1分鐘，至熟時撈出瀝油。

3. 鍋內留1大匙油，將蒜末、薑末、蔥段炒出香味，隨即放入荸薺片、木耳、四季豆、花枝塊略炒，加入高湯、米酒、蠔油、辣豆瓣醬、糖、黑醋，改大火快炒，待熟、湯汁稍略收乾時，用太白粉水勾適量薄芡，淋上香油拌勻起鍋擺盤即成。

材 料：

花枝 1隻（約400公克）
蒜頭 2個（約5公克）· 薑 1小塊（約5公克）
蔥 1支 · 荸薺 3個 · 水發木耳 1朵（約50公克）
四季豆 3條（約30公克）· 蛋白 1/2個 · 沙拉油 4杯

醃拌料：

米酒 1/2茶匙 · 鹽 1/8茶匙 · 蛋白 1/2個
太白粉 2大匙

調味料：

高湯 150cc · 米酒 1/2茶匙 · 蠔油 1/2茶匙
辣豆瓣醬 3茶匙 · 糖 1/2茶匙 · 黑醋 1/2茶匙
太白粉水 1茶匙 · 香油 適量

21

醬肉花枝丁

🔪 材 料：
花枝 1隻（約400公克）‧絞五花肉 80公克
熟花生 100公克‧泡水香菇 2朵
蒜頭 2個（約5公克）‧蔥 1/3支‧辣椒 1根
沙拉油 1大匙

🍶 調味料：
高湯 150cc‧米酒 1/2茶匙‧醬油 1/2茶匙
胡椒粉 1/8茶匙‧花椒粉 適量
黑豆瓣醬 1大匙
糖 1/2茶匙
太白粉水 1茶匙
香油 適量

🍲 做 法：
1. 將花枝處理乾淨，放於砧板上，攤開成一大片，由內側切成食指般大小的粗條，再改切成丁，頭也切丁；泡水香菇捏乾水份，切成小丁；蒜頭切末；蔥切蔥花；辣椒去籽切片。
2. 鍋內放3杯水煮滾，將花枝丁汆燙約15秒撈出，瀝乾水份。
3. 熱鍋下1大匙油，先炒熟絞肉，隨即放入黑豆瓣醬，炒香蒜末、辣椒片、香菇丁，再放熟花生、花枝丁略炒，加入高湯、米酒、醬油、糖、胡椒粉、花椒粉，改大火快炒，待熟、湯汁稍略收乾時，用太白粉水勾適量薄芡，淋上香油拌勻，起鍋擺盤即成。

梅子雙脆

做　法：

1. 將花枝處理乾淨，放於砧板上，攤開成一大片，由內側用刀斜切十字花刀，再改切塊，頭切成條；蝦仁去除腸泥洗淨，由蝦背橫切一刀，但不可切斷；油條切塊。

2. 鍋內放3杯水煮滾，放蝦仁約燙1分鐘，熟後取出，續入花枝塊汆燙20秒，熟後取出，瀝乾水份。

3. 鍋內下3杯油燒至180℃，放入油條用中火炸呈酥脆，取出置於盤內。

4. 鍋內留1/2茶匙油，放入米酒、糖、鹽、白醋用小火煮至湯汁濃稠時，隨即放入花枝塊、蝦仁、梅子，翻炒均勻起鍋，放至油條上即成。

材 料：

花枝 1隻（約400公克）
草蝦仁 10支（約100公克）・油條 1條
梅子 10個・沙拉油 3杯

調味料：

米酒 1/2茶匙
糖 6大匙
鹽 1/4茶匙
白醋 6大匙

乾煎花枝餅

材 料：

花枝 1隻（約300公克）・絞五花肉 50公克
荸薺 8個・薑 1小塊（約5公克）・蔥 1支
蛋白 1/2個・沙拉油 2大匙

調味料：

米酒 1/2茶匙・鹽 1/8茶匙・胡椒粉 1/8茶匙
香油 適量・太白粉 1大匙

花椒鹽：

花椒粒 1/4茶匙
鹽 1/2茶匙
胡椒粉 1/2茶匙

做 法：

1. 將花枝處理乾淨，放於砧板上攤開成一大片，由內側用刀切成條，頭也切條，放入果汁機內攪成花枝泥；荸薺拍碎，捏乾水份；薑切成末；蔥切成末。

2. 取碗一個，放入花枝泥、荸薺、薑末、蔥末、蛋白、米酒、鹽、胡椒粉、香油、太白粉，混合拌勻成餡料。

3. 鍋內下2大匙油燒熱，將花枝餡料用手擠成丸子狀，放入油鍋內用小火慢煎，再用鍋鏟將小丸子壓成小餅狀，略煎金黃色熟後取出擺盤即成。吃時可沾花椒鹽食之。

4. 另用乾鍋炒香花椒粒和鹽，再放入研磨機內磨成粉狀，用濾網過篩加入胡椒粉調勻即成。

鐵板花枝卷

做 法:

1. 花枝身洗淨,用刀切成0.5公分的薄片;厚肥油切成薄片;紫菜1張切成細片;洋火腿切成與柴菜同的薄片;泡水香菇去蒂,捏乾水份切成長條;蒜苗斜切成片;香菜切碎。

2. 取碗一個放入花枝片、火腿片、肥油片、紫菜片、香菇條、蒜苗片、香菜碎和勻,加入米酒、蛋白、鹽、胡椒粉、太白粉、香油混合攪拌成餡料。

3. 將豆皮平鋪於砧板上,再放入混合的餡料,捲成扁型條狀,再用麵糊封口,沾上太白粉待用。

4. 鍋內下3杯油燒至170℃,放入花枝卷用中火約炸5分鐘,熟後取出、瀝油,切塊擺盤即成。吃時可沾番茄醬食之。

材 料:

花枝身 1隻（約60公克）・洋火腿（切片）20公克
厚肥油 25公克・紫菜 1張・泡水香菇 2朵
青蒜苗 1/2支・香菜 10公克・蛋白 1/2個
太白粉 1大匙・沙拉油 3杯

醃拌料:

米酒 1/2茶匙・蛋白 1/2個・鹽 1/4茶匙
胡椒粉 1/8茶匙
太白粉 1大匙
香油 適量

麵 糊:

麵粉 2大匙・水 1大匙

香炸花枝丸

▲ 花枝丸受歡迎的原因，秘訣就在於用料實在，整個丸子90%都是花枝，兼具彈性與嚼勁，不論煮湯或油炸都好吃！

材 料：

花枝 300公克・沙拉油 3杯

調味料：

1.鹽 1/8茶匙・糖 /4茶匙
　蛋白 1茶匙
2.太白粉 1茶匙

做 法：

1.花枝肉去內膜、洗淨、瀝乾水份，整片肉面朝上，放於砧板上，用木槌垂打成泥，略帶細顆粒狀。

2.放入盆中，調味料2 拌勻，摔打至稍有黏性，再拌入太白粉，繼續摔打成有黏性的花枝漿。

3.鍋內放水煮滾，將做好的花枝漿利用手掌虎口擠壓成 6 個小丸子，逐個放入滾水中煮約 3 分鐘，待丸子浮出水面熟時，撈出瀝乾。

4.鍋內下油燒至 160℃，放入花枝丸以中小火油炸呈金黃色熟透續開大火搶酥，撈起瀝油，吃時可沾椒鹽佐食。

花枝羹

做 法：

1. 將花枝處理乾淨，放於砧板上，攤開成一大片，再由內側切成粗條，和鹽、胡椒粉、太白粉、魚漿拌勻；竹筍削去粗皮切絲，用水汆燙，漂水去苦澀味；泡水香菇去蒂，捏乾水份切絲；香菜切碎；雞蛋打勻備用。

2. 鍋內放3杯水，將拌勻的花枝逐個，放入八分滾的水中煮熟撈出，泡於冰水中。

3. 鍋內放高湯、鹽、糖、雞粉、柴魚精、胡椒粉煮滾，續放花枝塊、香菇絲，撇去浮沫，用太白粉水勾適量薄芡，再將蛋液徐徐倒入湯中攪勻起鍋，倒入湯碗中，淋上烏醋、香油、放入油蔥酥、香菜即成。

材 料：

花枝 1隻（約200公克）‧魚漿 300公克
竹筍 70公克‧泡水香菇 2朵‧紅蔥頭酥（油蔥酥）
5公克‧香菜 5公克‧雞蛋 1個

醃拌料：

鹽 1/8茶匙‧胡椒粉 1/8茶匙‧太白粉 1茶匙

調味料：

高湯 800cc‧鹽 1/2茶匙‧糖 1/2茶匙
雞粉 1/2茶匙‧柴魚精 1/2茶匙‧胡椒粉 1/8茶匙
烏醋 1/2茶匙‧香油 適量

太白粉水：水 2大匙‧乾太白粉 1大匙

港式小炒

TIPS

▲ 在挑選乾蝦米時，可選肉身厚、味道清香的大蝦米做為食材。

▲ 油炸魷魚及蝦米宜用170℃左右的油溫，約炸1分鐘至表皮乾，且呈金黃色即可。

▲ 生魷魚烹製前應先漲發完全，否則入菜後會變得太硬太老難以咀嚼。

材 料：

白魷魚乾 50公克・乾蝦米 20公克 ・韭黃 60公克
銀芽 120公克・辣椒 1根・蔥 1支・沙拉油 1杯

調味料：

1.太白粉 2大匙

2.蠔油 1茶匙・糖 1/4茶匙
胡椒粉 1/4茶匙 ・米酒 1茶匙

3.香油 適量

做 法：

1. 白魷魚乾用剪刀剪成長5公分、寬1公分的段，泡水5分鐘取出，瀝乾水份；乾蝦米泡水5分鐘後洗淨，瀝乾水份，分別沾上太白粉備用。

2. 韭黃洗淨切段；辣椒去籽切絲；蔥切成段。

3. 鍋內放2杯油燒至170℃ 時，將魷魚條、蝦米油炸成金黃色撈出，續放韭黃、銀芽過油約10秒熟後，撈出瀝油。

4. 熱鍋用1大匙油，小火炒香辣椒、蔥段，續放魷魚條、蝦米、韭黃、銀芽翻炒數下。

5. 加調味料2大火拌炒，淋上香油拌勻即可盛盤。

玉米粒炒魷魚丁

做　法：

1. 將生魷魚洗淨，放於砧板上，攤開成一大片，先切成條，再改切小丁；馬鈴薯、紅蘿蔔削去表皮切丁；蒜頭切成末；蔥切成粒；辣椒去籽切菱形片。

2. 鍋內放3杯水煮滾，將馬鈴薯、紅蘿蔔及玉米粒丁汆燙約2分鐘，熟後撈出，續入魷魚汆燙約15秒，撈出。

3. 鍋內下1大匙油，爆香蒜末、蔥粒、辣椒，隨即放入玉米粒丁、馬鈴薯丁、紅蘿蔔丁、魷魚丁略炒，加入高湯、米酒、鹽、糖，改大火快炒，待熟、湯汁稍略收乾時，用太白粉水勾適量薄芡，淋上香油拌勻，起鍋擺盤即成。

材　料：

生魷魚 1隻（約150公克）・玉米粒 120公克
馬鈴薯 60公克・紅蘿蔔 20公克
蒜頭 2個（約5公克）・蔥 1支・辣椒 1根
沙拉油 1大匙

調味料：

高湯 100cc・米酒 1/2茶匙
鹽 1/4茶匙・糖 1/4茶匙
太白粉水 1茶匙・香油 適量

鮮魷春卷

材 料：

生魷魚 1隻（約150公克）・白干絲 50公克
青韭菜 70公克・豆芽菜 50公克
春卷皮 8張・沙拉油 3杯・熟豬油 1大匙

調味料：

高湯 75cc・米酒 1/2茶匙
鹽 1/2茶匙・糖 1/2茶匙
胡椒粉 1/2茶匙
香油 適量
太白粉水 1/2茶匙
麵糊：
水 1大匙・麵粉 2大匙

做 法：

1. 將生魷魚洗淨，放於砧板上，攤開成一大片，切成細絲；白干絲、青韭菜切成3公分段；豆芽菜摘去尾部洗淨。

2. 取碗一個放水和麵粉調勻成麵糊，作為封口用。

3. 鍋內放1大匙熟豬油、韭菜、豆芽菜炒出香味，續放白干絲、魷魚絲略炒，加入高湯、米酒、鹽、糖、胡椒粉，翻炒數下，加入太白粉水勾適量薄芡，淋上香油，起鍋，做為餡料。

4. 春卷皮平放砧板上，放入餡料，捲起，捲至一半時再從左、右兩邊折向中間，捲成圓筒狀，再用麵糊封口。

5. 鍋內下3杯油燒至170℃，放入春卷，用中火約炸3分鐘呈金黃色酥時，取出擺盤即成。

魷魚羹

做 法：

1. 鹼粉用250cc 的熱水調勻待涼後，放入乾魷魚浸泡3小時，再浸清水漂約2小時，即成水發魷魚，剝去表皮，再切粗條，和魚漿、鹽、太白粉、胡椒粉拌勻。

2. 白蘿蔔、紅蘿蔔削去表皮切丁；九層塔摘去粗莖、留嫩葉。

3. 鍋內放3杯水將拌勻的魷魚放入八分滾的水中煮熟撈出，泡冰水。

4. 鍋內放高湯1200cc 煮滾，續放白蘿蔔、紅蘿蔔，用小火煮軟至湯汁剩800cc放入魷魚煮滾，撇去浮沫，加醬油、鹽、糖、胡椒粉，再以太白粉水勾適量薄芡，倒入湯碗中，淋上烏醋、香油拌勻，放入蒜頭酥、沙茶醬、柴魚片、九層塔即成。

材 料：

乾魷魚 1/2隻（約40公克）・鹼粉 1茶匙
熱水 250cc・魚漿 300公克
白蘿蔔 1/4條（約60公克）・蒜頭酥 1茶匙
紅蘿蔔 1/4條（約35公克）・九層塔 5公克

醃拌料：

鹽 1/8茶匙
胡椒粉 1/8茶匙・太白粉 1茶匙

調味料：

高湯 1200cc・醬油 1大匙・鹽 1/2茶匙
糖 1/2茶匙 ・胡椒粉 1/8茶匙・柴魚片 1茶匙
沙茶醬 1茶匙・烏醋 1茶匙・香油 適量
太白粉水：乾太白粉 1大匙・水 2大匙

31

魷魚螺肉蒜鍋

材料：
乾魷魚 1隻（約100公克）·螺肉罐頭 1罐
後腿肉 70公克·乾香菇 4朵·芹菜 70公克
青蒜苗 1支（約100公克）·沙拉油 4杯

醃拌料：
醬油 1/8茶匙·胡椒粉 1/8茶匙·蛋白 1/3個
地瓜粉 3大匙

調味料：
高湯 1200cc·淡色醬油 1大匙
螺肉罐頭汁 1罐量· 烏醋 1茶匙·雞粉 1/4茶匙
香油 適量

做 法：
1. 乾魷魚用剪刀剪成長5公分，寬1公分的長條，洗淨瀝乾水份。
2. 後腿肉切成薄片，用醃拌料拌勻。
3. 乾香菇泡水至軟，去蒂，捏乾水份對半切成片；螺肉罐頭打開，將湯汁和螺肉分開；芹菜去葉切段；青蒜苗斜切段。
4. 鍋內放4杯油燒至180℃，入後腿肉油炸成金黃色撈出，續放香菇片、乾魷魚，炸約15秒撈出瀝油。
5. 鍋內留1大匙油將芹菜、青蒜苗炒出香味，倒進煲鍋底，再依序放後腿肉片、香菇片、螺肉、魷魚條。
6. 鍋內放入高湯，加入淡色醬油、螺肉罐頭汁、雞粉、烏醋煮滾撇去浮沫，再倒入煲鍋內，用小火慢煮約5～6分鐘即成。

32

客家小炒

做 法：

1. 乾魷魚用剪刀剪成長5公分、寬1公分的長條，用鹽水浸泡1 1/2小時後取出洗淨；五花肉切粗絲；豆干切粗條；芹菜去老葉切段；蔥切段；蒜頭切末；辣椒切斜片。

2. 鍋內下2大匙油燒熱，放入五花肉炒熟再加豆干、魷魚條焗炒，續放蒜末、辣椒片炒出香味，隨即放入芹菜、蔥段略炒，加入米酒、醬油、糖、胡椒粉翻炒數下待熟時，淋上香油拌勻起鍋擺盤即成。

材 料：

乾魷魚 1隻（約100公克）・熱水 600cc
鹽 1/2茶匙，調勻成鹽水・五花肉 100公克
豆干 4塊・芹菜 60公克・蔥 1支
蒜頭 2個（約5公克）・辣椒 1根・沙拉油 2大匙

調味料：

米酒 1/2茶匙・醬油 1大匙
糖 1/4茶匙
胡椒粉 1/4茶匙
香油 適量

33

芥蘭炒雙魷

🔪材 料：

乾魷魚 1隻（約100公克）·鹼粉 2茶匙
熱水 700cc·花枝 1隻（約300公克）
芥蘭菜 80公克·薑 1小塊（約5公克）
蒜頭 2個（約5公克）·蔥 1支·辣椒 1根
沙拉油 2大匙

🍶調味料：

高湯 150cc·米酒 1/2茶匙·蠔油 2大匙
糖 1/4茶匙·太白粉水 1茶匙·香油 適量

炒芥藍菜：

鹽 1/8茶匙·米酒 2大匙
沙拉油 1茶匙

🍲做 法：

1. 鹼粉用700cc 熱水調勻，待涼後放入乾魷魚浸泡3小時，再浸清水漂2小時，即成水發魷魚，剝去表皮，攤開成一大片，再由內側用刀斜切十字花紋，再改切塊，頭切成條；花枝同樣處理乾淨，放於砧板上攤開成一大片，再由內側用刀切十字花紋，再改切塊，頭切成長條。

2. 芥蘭菜切長條；薑切末；蒜頭切末；蔥切段；辣椒去籽切片。

3. 鍋內放水煮滾放入芥蘭菜，汆燙一下撈出。起油鍋爆香薑末，續放芥藍菜略炒，再加鹽、米酒翻炒熟後，取出擺盤作盤飾。

4. 鍋內放 4 杯水煮滾，放入魷魚塊、花枝塊，汆燙15秒後取出。

5. 鍋內下2大匙油，爆香蒜末、蔥段、辣椒，隨即放入花枝塊、魷魚塊略炒，加入高湯、米酒、蠔油、糖改用大火快炒，待熟、湯汁稍略收乾時，加太白粉水勾適量薄芡，淋上香油拌勻，起鍋擺盤即成。

蜇頭魷魚卷

做 法：

1. 鹼粉用700cc 熱水調勻，待涼後放入乾魷魚浸泡3小時，再浸清水漂2小時，即成水發魷魚，剝去表皮，攤開成一大片，再由內側用刀斜切十字花紋，再改切塊，頭切成條；海蜇頭切成片狀，漂水洗去沙粒。

2. 將草菇每個切成對半；小黃瓜切片；蒜頭切片；薑切成片；蔥切成段；辣椒去籽切片。

3. 鍋內放4杯油燒至180℃，將魷魚、海蜇頭放入鍋中用大火約炸15秒，待魷魚捲起撈出瀝油。

4. 鍋內留1大匙油，爆香蒜片、薑片、蔥段、辣椒片，續放魷魚、海蜇頭、草菇、小黃瓜略炒，加入高湯、米酒、蠔油、糖、胡椒粉，改大火快炒，加入烏醋，待熟、湯汁稍略收乾時，用太白粉水勾適量薄芡，淋上香油拌勻，起鍋擺盤即成。

材 料：

乾魷魚 1隻（約100公克）・鹼粉 2茶匙

熱水 700cc・海蜇頭 120公克・罐頭草菇 100公克

小黃瓜 1/3條・蒜頭 2個（約30公克）

薑 1小塊（約5公克）・蔥 1支（約5公克）

辣椒 1根・沙拉油 4杯

調味料：

高湯 150cc・米酒 1/2茶匙

蠔油 1大匙・糖 1/4茶匙

胡椒粉 1/8茶匙

烏醋 1/2茶匙

太白粉水 1茶匙

香油 適量

宮保魷魚卷

材料：

乾魷魚 1隻（約100公克）‧鹼粉 2茶匙
熱水 700cc‧蒜味花生 50公克‧乾辣椒 10公克
薑 1小塊（約5公克）‧蒜頭 2個（約5公克）
蔥 1支‧沙拉油 1 1/2大匙

調味料：

高湯 100cc
米酒 1/2茶匙
醬油 1大匙
糖 1/2茶匙
太白粉水 1茶匙
香油 適量

做　法：

1. 鹼粉用700cc 熱水調勻，待涼後放入乾魷魚浸泡3小時，再浸清水漂2小時，即成水發魷魚，剝去表皮，再由內側用刀斜切十字花紋，再改切塊，頭切成條。
2. 乾辣椒剪成段，再將籽用漏盆抖掉；薑、蒜頭均切末；蔥切段。
3. 鍋內放3杯水煮滾，將魷魚塊汆燙約15秒，撈出瀝乾。
4. 鍋內放1 1/2大匙油爆香薑末、蒜末、乾辣椒，隨即放入蔥段、魷魚略炒，加入高湯、米酒、醬油、糖，改大火快炒，待熟、湯汁稍略收乾時，用太白粉水勾適量薄芡，淋上香油拌勻，起鍋擺盤即成。

乾煸鹹小卷

做 法：

1. 鹹小卷泡水10分鐘，去少許鹽份，取出瀝乾水份。
2. 蔥切粒；薑切末；蒜頭切末；辣椒切粒。
3. 鍋內下1大匙油燒熱放入小卷，煎成兩面金黃色熟時，放入薑末、蒜末、辣椒粒、蔥粒煸炒出香味，隨即放入米酒、糖、胡椒粉翻炒數下，加入梅林辣醬油，淋上香油拌勻起鍋擺盤即成。

材 料：

鹹小卷 150公克・蔥 2支・薑 1小塊
蒜頭 2個（約5公克）・辣椒 1根（約5公克）
沙拉油 1大匙

調味料：

米酒 1/2茶匙
糖 1/4茶匙
胡椒粉 1/8茶匙
梅林辣醬油 1/4茶匙
香油 適量

37

蝦仁篇

蝦仁篇

蝦，肉爽味美，營養豐富是食材中的上品。

　　除了可鮮食外，還可製成乾貨，甚至蝦膏也是調味妙品。大蝦、中蝦固然在宴席上大放異彩，即使是小蝦製成蝦膠，也是料理食材不可或缺的調味聖品。

　　大蝦小蝦，食味各有千秋。不過一般來說，以中蝦及小蝦較為鮮甜嫩滑；大隻的蝦由於肉質纖維較粗，只宜椒鹽或乾煎，口感較差。蝦的料理不少，如蒸、焗、炒、煎、炸、泡、溜都有，不過最具代表性的做法就是白灼。

　　鮮蝦本身含有豐富的高蛋白、礦物質等有機營養。但蝦子的新鮮度若是不足，會直接影響到菜餚的風味。

　　蝦本身既美味又有食療功效，卻是佳品。只要稍具巧思，相信必能做出色香味俱全的鮮蝦大餐。

Stir-Fry Shrimp

《青蘋果鳳尾蝦

材　料：

1. 草蝦 6尾 · 青蘋果 1個 · 荷蘭豆 (切段) 3瓣
   紅椒 (切片) 1/3個
2. 薑 (切片) 10公克 · 紅辣椒 (切片) 1根
   蔥 (切段) 1支
3. 太白粉 1/2茶匙 · 水 1茶匙
4. 沙拉油 4杯

調味料：

1. 糖 2大匙 · 米酒 1茶匙 · 番茄醬 3大匙
   黑醋 1大匙 · 高湯 3大匙
2. 香油 適量

做　法：

1. 草蝦去頭、去殼，只留尾殼，去腸泥後洗
   淨；青蘋果去皮切塊。
2. 鍋內倒4杯油燒至170℃時，放入草蝦以大
   火炸至八分熟，撈起瀝乾。
3. 炒鍋內留餘油，小火爆香薑、辣椒、蔥，
   放入草蝦、青蘋果、荷蘭豆、紅椒略炒。
4. 加調味料1翻炒至蝦仁熟透，以太白粉水勾
   薄芡，淋上香油拌勻即可盛盤。

百合蝦仁　》

材　料：

1. 蝦仁 180公克 · 百合 1個 · 罐頭鳳梨 (切片) 1片
   青椒 (切片) 1/4個 · 紅椒 (切片) 1/4個
2. 薑 (切片) 10公克 · 蔥 (切段) 1支
3. 太白粉水：太白粉 1/2茶匙 · 水 1茶匙
4. 沙拉油 1大匙

調味料：

1. 鹽 1/2茶匙 · 米酒 1茶匙 · 高湯 4大匙
2. 香油 適量

做　法：

1. 蝦仁去腸泥後洗淨；百合切取葉片。
2. 蝦仁以滾水燙至八分熟，撈起瀝乾；百合
   燙20秒，撈起瀝乾。
3. 鍋中放油1大匙，小火爆香薑、蔥，再放入
   蝦仁、百合、鳳梨、青椒、紅椒轉中火略
   炒。
4. 加調味料1翻炒至蝦仁熟透，以太白粉水勾
   薄芡，淋上香油拌勻即可盛盤。

翠綠蝦鬆

做 法：

1. 蝦仁去腸泥後洗淨瀝乾，切細丁；荸薺切細丁後瀝乾。
2. 美生菜剪成小碗狀，漂冷開水後瀝乾；油條切碎，鋪於生菜碗上。
3. 蛋白用打蛋器打至硬性發泡，放入蝦丁、玉米粉、麵粉和沙拉油拌勻成蝦漿。
4. 以旺火熱鍋，放入4杯油，燒至130℃時，倒入蝦漿以筷子滑散，至蝦仁熟透浮起，撈起瀝乾，隨即放入荸薺、洋蔥快速走油，撈起瀝乾。
5. 鍋內留餘油，小火炒香芹菜花，放入蝦仁、荸薺、洋蔥、調味料1轉中火翻炒數次，淋上香油拌勻，盛入生菜碗即成。

材 料：

1. 蝦仁 150公克・蛋白 1/2個・玉米粉 1/2 茶匙 麵粉 1/2茶匙・沙拉油 1/2茶匙
2. 美生菜 6片・油條（切小段）1條 荸薺 6個 洋蔥（切細丁）40公克・芹菜（切花）2支
3. 沙拉油 4杯

調味料：

1. 鹽 1/4茶匙・ 柴魚精 1/4茶匙
2. 香油 適量

TIPS

▲ 美生菜順著中心的梗剪開會比較脆，漂水可防止變色。

▲ 若是油條不夠酥脆，可以170℃的油轉中火炸約10秒，瀝乾後再切碎。油條即可酥脆而不吸油。

蘑菇蝦球

TIPS
▲蘑菇先汆燙可以縮短熱炒的時間，切開後若未立即汆燙，就須漂水以防止變色。同理，料理茄子時，可汆燙後漂水以防止變色，但過油更能維持原色、原形

材 料：

1. 蝦仁 120公克・肥油 20公克・蛋白 1/2個
   生蘑菇 10個・甜豆（切片）3瓣
2. 薑 (切段) 10公克・紅辣椒(切片) 1根・蔥 (切段) 1支
3. 太白粉水：太白粉 1/2茶匙・水 1茶匙
4. 沙拉油 4杯

調味料：

1. 白胡椒粉 1/8茶匙・米酒 1/2茶匙・太白粉 1/4茶匙
2. 鹽 1/2茶匙・米酒 1/2茶匙・高湯 4大匙
3. 香油 適量

做 法：

1. 蝦仁去腸泥後洗淨，剁成蝦泥；肥油切細丁。將蝦泥、肥油、蛋白、調味料1拌成蝦餡。
2. 蘑菇切2cm方塊，立刻汆燙至熟，再以冷開水漂涼。
3. 鍋內放4杯油燒至150℃時，將蝦餡做成蝦球，逐一下鍋以大火炸熟，撈起瀝乾。
4. 鍋內留餘油，小火爆香薑、辣椒、蔥，續放蝦球、蘑菇、甜豆轉中火略炒。
5. 加入調味料2翻炒數次，以太白粉水勾薄芡，淋上香油拌勻即可盛盤。

42

溜蝦球

做 法：

1. 蝦仁去腸泥後洗淨，燙熟。
2. 雞蛋打散，再放入蝦仁、鹽、高湯、太白粉水，以筷子順時針方向攪勻成汁。
3. 炒鍋放油2~3大匙，大火燒至170℃時，倒入蛋汁快速溜約1分鐘，加入香油即可盛盤，撒上火腿末，蔥末即成。

TIPS

▲炒蛋時，油若太少可能會黏鍋；炒過後，油若太多可以濾網瀝油。

▲「溜」即是以筷子或鍋鏟攪拌幾下，使用的油量介於「炒」和「炸」之間。此道菜溜蛋的速度要快，以防黏住鍋底。

材 料：

1. 蝦仁 180公克・雞蛋 5個
2. 火腿（切末）5公克・蔥（切末）1/2支
3. 太白粉水：太白粉 1/2茶匙・水 1茶匙
4. 沙拉油 2/3大匙

調味料：

1. 鹽 1茶匙・高湯 1大匙
2. 香油 適量

43

《 糖醋蝦丸

材料
1. 蝦仁 180公克・肥油 45公克・蛋白 1/2個
   番茄（切塊）1/2個・青椒（切塊）1/3個
2. 薑（切片）10公克・紅辣椒（切片）1根
   洋蔥（切片）3瓣
3. 太白粉水：太白粉 1/2茶匙・水 1茶匙
4. 沙拉油 4杯

調味料：
1. 鹽 少許・米酒 1/4茶匙・太白粉 1/2茶匙
2. 鹽 1/8茶匙・糖 2大匙・米酒 1茶匙
   番茄醬 3大匙・白醋 1茶匙・高湯 2大匙
3. 香油 適量

做法：
1. 蝦仁去腸泥後洗淨瀝乾、剁成蝦泥；肥油切
   細丁。蝦泥、肥油、蛋白與調味料1拌勻成
   蝦餡。
2. 鍋內放4杯油，大火燒至五成熱，將蝦餡做
   成蝦球，逐一下鍋炸熟，撈起瀝乾。
3. 鍋內留餘油，小火爆香薑、辣椒及洋蔥，放
   入蝦球及番茄、青椒轉中火略炒。
4. 加調味料2翻炒數次，以太白粉水勾薄芡，
   淋上香油拌勻即可盛盤。

香瓜鳳尾蝦 》

材料：
1. 白灰蝦 180公克・香瓜 1/2個・大豆苗 50公克
2. 蒜頭 (切片) 2粒・紅辣椒 (切片) 1根・蔥 (切段) 1支
3. 太白粉水：太白粉 1/2茶匙・水 1茶匙
4. 沙拉油 2大匙

調味料：
1. 鹽 1/2茶匙・糖 1/4茶匙・米酒 1大匙・高湯 3大匙
2. 鹽 1/4茶匙・高湯 4大匙
3. 香油 適量

做法：
1. 白灰蝦去頭、去殼，只留尾殼，去腸泥後洗
   淨；香瓜去皮、去籽後切成3公分方塊。
2. 蝦仁以滾水燙至八分熟，撈起瀝乾；香瓜燙20
   秒，撈起瀝乾。
3. 鍋中放油1大匙，小火爆香蒜、辣椒，一半的蔥
   段，放入蝦仁、香瓜轉中火略炒。
4. 加調味料1翻炒至蝦仁熟透，以太白粉水勾薄
   芡，淋上香油拌勻即可盛盤。
5. 鍋中放油1大匙，小火爆香剩餘蔥段，倒入大豆
   苗轉中火略炒，加調味料2翻炒數下起鍋前淋香
   油拌勻，將大豆苗圍在香瓜蝦仁外緣即可。

蛋包蝦仁

TIPS

▲ 煎蛋皮時，可以廚房紙巾沾油抹滿鍋子的一半，不需太多油。鍋熱轉小火，倒入蛋液慢慢搖晃，全熟即可。

▲ 圓形器具可使用馬克杯。

▲ 懶得煎蛋皮時，可以豆皮、餛飩皮、水餃皮替代，只是口感不同。

▲ 若沒有蒸籠，可改用大同電鍋，倒入半杯水，蒸約12分鐘至熟。

▲ 蝦仁丁、薯泥、火腿丁、青豆仁放在碗內調味，拌勻成餡料。

▲ 煎好蛋皮用模具壓印成小蛋皮。

做法：

1. 蝦仁去腸泥後洗淨、燙熟、切小丁；馬鈴薯削皮、切片，約蒸10分鐘至熟，壓成薯泥；青豆仁以滾水燙20秒至熟，漂水瀝乾。

2. 將蝦仁、薯泥、青豆、火腿與調味料1拌成蝦餡備用。

3. 將材料2拌勻，煎成蛋皮，用圓形器具將蛋皮做成直徑至少8公分的圓形蛋皮。

4. 蛋皮上撒少許太白粉（份量外），填入蝦餡，以蛋液封口包起，放入抹有少許油的盤中，大火蒸約12分鐘至熟，即可盛盤。

5. 將調味料2略煮，再以太白粉水勾薄芡，淋上香油拌勻，倒入蛋餃中即成。

材料：

1. 蝦仁 50公克・馬鈴薯 120公克・青豆仁 1茶匙 火腿（切小丁）15公克

2. 蛋 4個・太白粉 1/2茶匙・水 1茶匙

3. 蛋（打成蛋液）1/2個 太白粉水：太白粉 1/2茶匙・水 1茶匙

4. 沙拉油 1/4茶匙

調味料：

1. 太白粉 1/2茶匙・白胡椒粉 1/8茶匙・米酒 1/2茶匙 香油 少許

2. 鹽 1/4茶匙・高湯 1/2杯・糖 1/4茶匙・香油 適量

白果蝦仁

TIPS

▲ 白果、草菇汆燙後漂涼可去除罐頭味。習慣食用豬油的人，可在水中加1/2茶匙的豬油，單獨汆燙白果10分鐘，即可去除苦澀，增進香味。

🧾 材 料：

1. 蝦仁 180公克・白果（罐頭）70公克
   草菇（罐頭）40公克
2. 蒜頭 (切片) 2粒・紅辣椒 (切片) 1根・蔥（切段）1支
3. 太白粉水：太白粉 1/2茶匙・水 1茶匙
4. 沙拉油 1大匙

🫙 調味料：

1. 鹽 1/2茶匙・米酒 1茶匙・高湯 4大匙
2. 香油 適量

🍲 做 法：

1. 蝦仁去腸泥後洗淨。
2. 蝦仁以滾水燙至八分熟，撈起瀝乾；白果、草菇燙1分鐘後漂涼。
3. 鍋內放油1大匙，小火爆香蒜、辣椒、蔥，放入蝦仁、白果、草菇轉中火略炒。
4. 加調味料1翻炒至蝦仁熟透，以太白粉水勾薄芡，淋上香油拌勻即可盛盤。

腰果蝦仁

TIPS

▲ 選購腰果顏色不須太深，淺褐色的即可；若從冰箱取出，可以小烤箱烤2分鐘，或在調味後一起翻炒數下，以去除異味。

做 法：

1. 蝦仁去腸泥後洗淨；小黃瓜去籽切丁；香菇泡水切丁；竹筍、紅蘿蔔燙熟切丁，漂冷開水後瀝乾。
2. 蝦仁燙至八分熟，撈起瀝乾；香菇、小黃瓜汆燙20秒，撈起瀝乾。
3. 鍋內放油1大匙，小火爆香蒜、辣椒、蔥，放入蝦仁、竹筍、紅蘿蔔、香菇及小黃瓜轉中火略炒。
4. 加調味料1翻炒至蝦仁熟透，以太白粉水勾薄芡，淋上香油拌勻即可盛盤，食用前撒上腰果即可。

材 料：

1. 蝦仁 180公克・熟腰果 40公克・竹筍 30公克
   紅蘿蔔 30公克・乾香菇 2朵・小黃瓜 1條
2. 蒜頭 (切片) 2粒・辣椒 (切片) 1根・蔥 (切粒) 1支
3. 太白粉水：太白粉 1/2茶匙・水 1茶匙
4. 沙拉油 1大匙

調味料：

1. 鹽 1/2茶匙・糖 1/2茶匙・白胡椒粉 少許
   米酒 1大匙・高湯 4大匙
2. 香油 適量

47

宮保蝦仁 《

材　料：
1. 蝦仁 180公克·乾辣椒 5公克·蒜味花生60公克
2. 蒜頭（切末）2個·蔥（切粒）1支
3. 太白粉水：太白粉 1/2茶匙·水 1茶匙
4. 沙拉油 4杯

調味料：
1. 糖 1/2茶匙·米酒 1大匙·醬油 1茶匙
　 黑豆瓣醬 1茶匙·高湯 4大匙
2. 香油 適量

做　法：
1. 蝦仁去腸泥後洗淨瀝乾；乾辣椒剪成3公分
　 小段後去籽。
2. 鍋內放4杯油燒至150℃時，轉中火放入蝦仁
　 炸至八分熟，再加入乾辣椒略炸，撈起瀝
　 乾。
3. 鍋內留餘油，小火爆香蒜和蔥，續放蝦仁、
　 乾辣椒轉中火略炒。
4. 加調味料1翻炒至蝦仁熟透，以太白粉水
　 勾薄芡，隨即拌入花生，淋上香油拌勻即
　 可盛盤。

芒果蝦仁 》

材　料：
1. 蝦仁 180公克·芒果 200公克
2. 薑(切片) 10公克·紅辣椒(切片) 1根· 蔥(切段) 1支
3. 太白粉水：太白粉 1/2茶匙·水 1茶匙
4. 沙拉油 1大匙

調味料：
1. 鹽 1/2茶匙·糖 1/4茶匙·米酒 1茶匙·高湯 4大匙
2. 香油 適量

做　法：
1. 蝦仁去腸泥後洗淨；芒果去皮，切成姆指大小
　 的條狀。
2. 蝦仁以滾水燙至八分熟，撈起瀝乾。
3. 鍋中放油1大匙，小火爆香薑、辣椒、蔥，再加
　 入蝦仁、芒果轉中火略炒。
4. 加調味料1翻炒至蝦仁熟透，以太白粉水勾薄
　 芡，淋上香油拌勻即可盛盤。

TIPS
▲ 請選購肉質較硬的芒果拌炒時較不易碎，建議
品種：1.凱特：較硬較合適。2.愛文芒果：香度
較高，但勿選太熟的。3.金煌：不要選太熟的。
4.土芒果：籽多於肉，難切割。

鳳梨蝦球

TIPS

▲以挖球器挖鳳梨球時，要用力壓進去，順時針大大轉一圈。若以鐵湯匙挖球外觀會稍差，可改將鳳梨切塊，或以罐頭鳳梨片1開6（1片切成6片扇形）。

▲若怕太甜，鳳梨可以汆燙10秒，再撈起瀝乾。

▲水果儘可能於15分鐘內切好、炒過，否則容易變色，即使泡過鹽水，口味也會受影響。

做　法：

1. 蝦仁去腸泥後洗淨瀝乾，與肥油均勻剁成泥，加入蛋白、調味料1抓勻，做成蝦球備用。
2. 鳳梨肉挖成球狀。
3. 鍋內放4杯油燒至150℃時，將蝦球逐一下鍋以大火炸至全熟，撈起瀝乾。
4. 鍋中留餘油，小火爆香薑、辣椒，放入鳳梨球、蝦球、青椒轉中火略炒。
5. 加調味料2翻炒數下，以太白粉水勾薄芡，淋上香油拌勻即可盛盤。

材　料：

1. 蝦仁 120公克・豬肥油 50公克・蛋白 1/2個
   鳳梨 1個・青椒（切2cm塊）1/2個
2. 薑（切片）10公克・紅辣椒（切片）1根
3. 太白粉水：太白粉 1/2茶匙・水 1茶匙
4. 沙拉油 4杯

調味料：

1. 鹽 少許・胡椒粉 1/8茶匙・太白粉 1/4茶匙
2. 糖 1大匙・米酒 1/2茶匙・醬油 1大匙・高湯 5大匙
3. 香油 適量

49

地寶蝦

▲ 建議使用紅肉地瓜，因為顏色較鮮豔，口味較甘甜。

▲ 劃刀的目的是將筋切斷，蝦子油炸後才不會彎曲，但蝦身絕對不能切斷。

▲ 在蝦腹用刀斜切上3~4刀切斷其筋，不要將蝦身切斷，再將蝦身平放砧板上輕捏直。

材料：
1. 草蝦 6尾・地瓜 150公克・蛋（打成蛋液）1個
2. 沙拉油 5杯

調味料：
1. 鹽 1/4茶匙・白胡椒粉 少許・米酒 1大匙
2. 太白粉 2大匙
3. 麵粉 2大匙

做 法：
1. 草蝦去頭、外殼、留尾，去腸泥後洗淨，將腹部淺淺劃上3~4刀，再用手將蝦身捏直，加入調味料1抓勻，醃漬1分鐘。
2. 地瓜削去表皮，切成細絲，漂水後瀝乾，平鋪在砧板上，撒上太白粉。
3. 醃好的蝦身先沾麵粉，再沾蛋液，逐個放入地瓜絲中沾滿整個蝦身。
4. 鍋內放5杯油燒至170℃時，將蝦子逐一下鍋，以中火炸約5分鐘至呈金黃色，即可瀝乾盛盤。

玫瑰大蝦

TIPS

▲ 肥油的選購以厚、硬為上選，冷凍變硬後較好切。

▲ 色素可在雜貨店買到，若是購買紅色色素是一般做紅湯圓用的，調後蛋皮會略成紅色。也可以1茶匙番茄醬調色，顏色則為淺粉紅色。

▲ 做法3中，用來黏紫菜的麵糊，可以麵粉1/2茶匙、水1茶匙調勻使用。

▲ 明蝦由蝦背順著一刀將蝦身扳開，切斷腹部的筋。

做　法：

1. 明蝦去頭、殼、腸泥，剪去尾刺，留下尾殼，洗淨後順著蝦背切一刀，但不要把蝦身切斷，將蝦身扳開，切斷蝦腹的筋。

2. 將肥油切成長8公分寬3公分的片狀，與明蝦、蛋白和調味料1拌勻醃漬1分鐘。

3. 紫菜切成與肥油同尺寸的6小片；鹹蛋黃對半切後，用手捏成長條，沾上少許太白粉，包入紫菜片中，以麵糊封口，用2杯油以中火炸至熟後，撈出瀝乾。

4. 蛋與色素拌勻，煎成蛋皮，待冷，和生菜葉均切成與肥油同尺寸的6小片。

5. 紫菜鹹蛋黃卷外層捲上肥油片，再捲生菜葉。明蝦蝦背朝上放入紫菜蛋黃卷，以蝦尾刺穿蝦身前端固定，沾上太白粉備用。

6. 鍋內放5杯油燒至170℃時，放入已沾粉的蝦包，以中火炸約6分鐘至呈金黃色，撈出瀝乾，對半切開，即可盛盤。

材　料：

1. 大明蝦 6尾．肥油 40公克．蛋白 1/2個
2. 壽司用紫菜 1張．鹹蛋黃 3個．太白粉 1茶匙
3. 蛋 2個．生菜葉 2葉
4. 麵粉 1/2茶匙．水 1茶匙

調味料：

1. 太白粉 1/2茶匙．鹽 少許．白胡椒粉 1/8茶匙
   米酒 1/4茶匙．香油 適量
2. 黃色5號色素 少許

51

吉利蝦

TIPS

▲如需要沾醬,可沾番茄醬、胡椒鹽(鹽
1/8茶匙、胡椒粉1/4茶匙、味精1/8茶
匙)食用,也可採泰式酸辣醬或日式和風
醬嘗試不同風味。

材料:

1. 草蝦 6尾
2. 麵粉 3大匙‧蛋(打成蛋液)1個‧椰子粉 3大匙
3. 沙拉油 5杯

調味料:

白胡椒粉 1/8茶匙‧米酒 1/4大匙
香油 適量‧鹽 少許

做 法:

1. 草蝦去殼、去腸泥,剪去尾刺,留尾殼,洗
淨後順著蝦背切開,但不要切斷蝦身,將明
蝦扳開,輕輕切斷腹部的筋,與調味料1抓
勻後,醃漬1分鐘。

2. 草蝦先沾麵粉,再沾蛋液,最後沾上椰子
粉。

3. 鍋中放5杯油燒至170℃時,將明蝦一一下
鍋,以中火炸約3~4分鐘至呈金黃色,撈出
瀝油,擺盤即成。

52

生焗明蝦

TIPS

▲ 乳瑪琳亦可用奶油、橄欖油、花生油代替。

▲ 若無大烤箱，可以小烤箱預熱5 ~ 6分鐘，
  烤30分鐘。

▲ 鋁箔紙要2張，只用1張可能會破掉，導致
  湯汁流出，若仍擔心，可以深盤盛裝

做 法：

1. 大烤箱預熱約10分鐘至250℃；取2張鋁箔紙
   裁成四方形，從外測折起。

2. 明蝦剪去頭鬚及尾刺，順著蝦背切一刀，去
   腸泥後洗淨。

3. 鍋內放入乳瑪琳，小火爆香蒜和洋蔥，再加
   入黑胡椒粉翻炒數下，倒入鋁箔紙中，整齊
   排上草蝦，加入調味料2。

4. 放入烤箱中烤約15 ~ 20分鐘，熟透即可盛
   盤。

材 料：

中明蝦 6尾 (約500公克)

洋蔥 (去皮切絲) 1個

蒜頭 (切片) 5個

調味料：

1. 乳瑪琳 2大匙・黑胡椒粉 1大匙

2. 鹽 1/4 茶匙・米酒 1/2茶匙・高湯 1大匙

芋泥蝦

TIPS

▲ 如不想自己炸紅蔥酥，可至雜貨店買現成的，以1大匙代替3粒紅蔥頭即可。

材 料：

1. 草蝦 6尾
2. 芋頭 150公克・乾蝦米 10公克・蛋 1/2個
   紅蔥頭 3粒
3. 沙拉油 5杯

調味料：

1. 水 1大匙・鹽 少許・白胡椒粉 1/8茶匙
   米酒 1/4茶匙
2. 鹽 1/8茶匙 ・糖 1/4茶匙・豬油 1茶匙
   太白粉 2大匙

做 法：

1. 草蝦去頭、外殼與腸泥，留尾部，洗淨後將蝦腹的筋切斷，將蝦身捏直，加入調味料1抓勻。

2. 紅蔥頭去皮、切片，將半杯油燒至170℃時，以小火將紅蔥頭炸至金黃色後撈出瀝乾；乾蝦米切米粒大小；芋頭去皮切片，蒸約10分鐘後取出搗爛，加入乾蝦米、蛋、紅蔥酥與調味料2拌勻成芋泥餡。

3. 草蝦一一沾上太白粉，包入芋泥餡中，再沾少許太白粉。

4. 鍋內放5杯油燒至170℃時，將蝦包以中火炸約5分鐘至呈淡金黃色，撈出瀝乾，即可盛盤。(可沾甜辣醬食用)

杏片蝦球

TIPS

▲ 如果想製作可食用的盤飾「芋頭座」，可將70公克芋頭切細絲，漂水瀝乾，拌2大匙太白粉備用。準備兩個麻碗（鋁製、有洞的碗，五金行即可選購）或兩支深漏勺，抹油後，將所有芋頭絲鋪成薄薄一層，以另一碗壓緊，放入八成熱的油鍋中，以中火炸至呈金黃色。油炸過程中，一定要以鍋鏟將麻碗緊壓在油中，至芋頭座成形固定才可放手。

做 法：

1. 蝦仁去腸泥後，洗淨、瀝乾，剁成蝦泥；荸薺拍碎，捏乾水份。
2. 將材料1與調味料拌勻，捏成蝦球。
3. 將蝦球沾上麵粉再沾蛋液，再裹滿杏仁片。
4. 鍋內放4杯油燒至160℃時，將蝦球以中火炸約5分鐘至呈金黃色時，即可瀝乾盛盤。

材 料：

1. 蝦仁 120公克・絞肉 40公克・荸薺 3個
   洋蔥 (切末) 1大匙・蔥 (切花) 1茶匙・蛋白 1個
2. 麵粉 1大匙・蛋 (打成蛋液) 1個・杏仁片 120公克
3. 沙拉油 4杯

調味料：

太白粉 1/2茶匙・鹽 1/2茶匙・糖 1/2茶匙
白胡椒粉 1/8茶匙・米酒 1/2茶匙・香油 適量

枕頭蝦

TIPS

▲ 可搭配番茄醬、泰式酸辣醬或日式和風醬食用。

▲ 油炸後，鍋內會留下許多碎屑，只要以油網濾除碎屑，此油還可再次使用。

材 料：

1. 蝦仁 40公克・肥油（切細丁） 20公克
   火腿 (切細丁) 5公克・蝦米 1茶匙・荸薺 3個
   芹菜 (切珠) 1/4茶匙・蔥 (切珠) 1/4茶匙・青豆仁 8個
2. 馬鈴薯 200公克・蛋 1/2個
3. 沙拉油 5杯

調味料：

1. 鹽 1/8茶匙・豬油 1茶匙・太白粉 2大匙
2. 太白粉 1/2茶匙・糖 1/4茶匙・白胡椒粉 1/8茶匙
   米酒 1/2茶匙・香油 少許

做 法：

1. 薯泥餡皮：馬鈴薯去皮切片，蒸約10分鐘至熟，放涼後，與材料2的蛋和調味料1拌勻備用。
2. 蝦仁去腸泥後洗淨瀝乾，切小丁；蝦米泡水軟化後切細丁；荸薺拍碎捏乾；青豆仁汆燙20秒。
3. 將材料1與調味料2均勻拌成餡料。
4. 餡料和餡皮各分成8～10份，將餡料包入薯泥餡皮，做成橢圓形枕頭狀。
5. 鍋內放5杯油燒至170℃時，放入蝦包，以小火炸約3～5分鐘至金黃色，即可瀝油盛盤。

起司烤蝦

做法：

1. 大烤箱預熱約10分鐘至250℃；沙拉、吉士粉調勻成沙拉醬，放入擠花袋中；起司切片。
2. 明蝦去頭鬚、尾刺、外殼、腸泥，留下頭、尾後洗淨，順著蝦背切一刀，蝦身不要切斷，將明蝦扳開，切斷中間的筋，與調味料1抓勻醃漬1分鐘。
3. 將明蝦放在烤盤上，進烤箱中層烤約6分鐘至蝦身微乾時取出，擠上沙拉醬，關掉下火，續烤2 1/2分鐘，至沙拉醬略微焦黃，取出放上起司片，撒上白芝麻，續以上火烤約2 1/2分鐘，至起司片微呈金黃色時，即可盛盤。

TIPS

▲吉士粉就是卡士達粉（Custard Powder），也就是蛋黃粉，在迪化街或大批發市場的雜貨店可買到，若買不到小包裝，可以全脂奶粉代替，但是顏色會較淡。

材料：
大明蝦 6尾（約450公克）‧起司片 2片
白芝麻 1/4茶匙

調味料：
1. 鹽 1/8茶匙‧白胡椒粉 少許‧米酒 1/4茶匙
水 1大匙
2. 沙拉 10大匙‧吉士粉（蛋黃粉）2茶匙

繡球蝦仁

材 料：

1. 蝦仁 150公克・絞肉 100公克・荸薺 6個・蛋白 1個
2. 蛋1個・火腿（切細絲）1片・蔥（切細絲）1支
3. 太白粉水：太白粉 3/4茶匙・水 1 1/2茶匙

調味料：

1. 太白粉 1/2茶匙・白胡椒粉 1/8茶匙・米酒 1/4茶匙
2. 鹽 1/4茶匙・糖 1/4茶匙・高湯 150cc
3. 香油 適量

做 法：

1. 蝦仁去腸泥，洗淨、瀝乾，剁成蝦泥；荸薺拍碎捏乾水份；雞蛋煎成蛋皮，切細絲。

2. 將材料1與調味料1拌勻後，捏成餡球，逐個沾上拌勻的蛋皮絲、火腿絲、蔥絲做成繡球，放在抹油的盤上，上蒸籠大火蒸約8分鐘，熟後取出。

3. 鍋內放調味料2煮開，以太白粉水勾芡，加入香油拌勻，淋於繡球上即成。

元蛋大蝦

TIPS

▲ 如果想要盤飾，只要將10公克紅蘿蔔切末，滾水汆燙20秒，瀝乾後撒在周圍即可。

▲ 1.明蝦剪去尾中的尖刺，再去殼。 2.將明蝦分開切斷中間的筋。 3.雞蛋上再點綴香菜葉、肉醬、火腿末。

做　法：

1. 明蝦去頭、外殼、腸泥，剪掉尾刺，留尾洗淨，順著蝦背切一刀，不要把蝦身切斷，將明蝦扳開，再切斷腹部的筋。

2. 取1個小碗抹少許油，放入蔥段，再放上明蝦，磕入雞蛋、（明蝦尾部需高於碗外），蛋旁再放入香菜葉、肉醬、火腿末，同方法再做5碗，放蒸籠中，以中火蒸約6分鐘，熟後挖出盛盤。

3. 鍋內放調味料1煮成醬汁，加入芹菜，以太白粉水勾芡，加入香油拌勻，淋於蒸蛋上即成。

材　料：

1. 大明蝦 6尾・雞蛋 6個
2. 蔥（切成6小段）1支・香菜葉（取葉片）1支 廣達香肉醬 6 1/4茶匙・火腿（切末）1片
3. 芹菜（切珠）1茶匙
4. 太白粉水：太白粉 3/4茶匙・水 1 1/2茶匙
5. 沙拉油 少許

調味料：

1. 鹽 1/2茶匙・糖 1/2茶匙・米酒 1/4茶匙 高湯 200cc
2. 香油 適量

枸杞大蝦 《

材　料：
1. 大明蝦 6尾・排骨 120公克
2. 薑（切片）10公克

調味料：
水 150cc・鹽 1/4茶匙・糖 1/4茶匙・米酒 1大匙

中藥材：
枸杞 1茶匙・當歸 1片・川芎 1片・桂枝 1/2茶匙
人參鬚 3支・黑棗 3個・紅棗 3個

做　法：
1. 排骨剁成塊，以滾水汆燙20秒，漂水去渣；大明蝦去腸泥，剪去頭鬚及尾刺後洗淨，以滾水汆燙15秒後，漂水去渣。
2. 取水盤1個，放入排骨、薑、中藥材和調味料，上蒸籠以大火蒸約40分鐘，至排骨軟爛，中藥燉出味道，整盤取出。
3. 再將明蝦擺放於排骨上，同樣入蒸籠大火蒸約6~7分鐘，待明蝦熟時，即可盛盤。

TIPS
▲排骨可選用肋排，口感較佳。
▲水盤即是較深的盤子，可以盛裝湯液。

《 冬瓜蝦夾

材　料
1. 蝦仁 110公克・家鄉火腿 16片・冬瓜 500公克
2. 太白粉水：太白粉 1/2茶匙・水 1茶匙

調味料：
1. 細冰糖 1/4茶匙
2. 鹽 1/2茶匙・米酒 1茶匙 高湯 200cc
3. 香油 少許

做　法：
1. 蝦仁去腸泥後洗淨燙熟，從背部往腹部切成3片；冬瓜去皮，切成長7公分，厚0.5公分的薄片，再從厚部中間切開，但不可切斷，剩餘的冬瓜切成塊，一起燙熟、漂水、瀝乾。
2. 將冬瓜掀開分別夾入蝦仁片、火腿片，取碗1個，將冬瓜夾一一排放在碗內，中間再放入切剩的冬瓜塊、冰糖，上蒸籠蒸約20分鐘後取出，倒扣於盤中。
3. 鍋熱放調味料2，小火煮成芡汁，以太白粉水勾芡，加入香油拌勻，淋於冬瓜上即成。

如意蝦卷

TIPS

▲若是嫌煎蛋皮太麻煩，也可改用現成的腐皮。

▲蒸蝦卷時容易散開，須以保鮮膜包起再蒸。若不想以保鮮膜包覆，一定要將接合口朝下，否則蒸時蛋卷會散開。

▲蒸熟後可冷藏冰存，食用時直接切片作成冷盤亦可。

🍽做　法：

1. 蝦仁去腸泥後洗淨瀝乾，剁成蝦泥；荸薺拍碎捏乾水份。

2. 餡料：將材料1與調味料1拌勻成餡。

3. 蛋皮：將材料2攪勻成蛋液，以餐巾紙沾少許油抹在炒鍋上，以中火燒至三成熱時，倒入蛋液，將炒鍋離火，繼續晃動，使蛋液煎成厚薄均勻的蛋皮。

4. 將蛋皮平鋪在砧板上，撒上少許太白粉，均勻推上一半餡料，在餡料上平鋪一張紫菜，再撒上少許太白粉，再將剩餘餡料均勻推上，捲成長蝦卷，包覆保鮮膜。

5. 以蒸籠蒸約15分鐘至熟後取出，食用時切成厚片，即可盛盤。

🔪材　料：

1. 蝦仁 160公克・豬肥油 40公克・荸薺 6個
   蔥 (切末) 1/2茶匙・薑 (切末) 10公克・蛋白 1個

2. 蛋 1個・大白粉 1/2茶匙・水 1茶匙

3. 紫菜 1張

🥄調味料：

1. 太白粉 1/2茶匙・鹽 1/2茶匙・白胡椒粉 1/8茶匙
   米酒 1/2茶匙・香油 適量

蝦子燒腐竹

TIPS

▲ 乾的腐竹可用溫水浸泡至軟，再瀝乾水份。

▲ 炸蝦仁時可用170℃的油溫油炸至呈脫水乾時，再撈出瀝油。

材 料：

蝦仁 180公克・干腐竹 80公克・乾香菇 2朵
竹筍 60公克・薑 5公克・辣椒 1根・蔥 1支
沙拉油 1杯

調味料：

1. 高湯 6大匙・米酒 1茶匙・蠔油 1大匙
   糖 1/4茶匙・胡椒粉 1/8茶匙
2. 香油 適量

做 法：

1. 蝦仁去除腸泥洗淨；干腐竹切成4公分的段，泡水至軟；乾香菇泡水至軟，捏乾水份，剪去蒂切條。

2. 竹筍去殼削去粗皮、切長條；薑切末；辣椒去籽切條；蔥切成段。

3. 鍋內放1杯油燒至170℃時，將蝦仁油炸成脫水乾時，撈出瀝油。

4. 熱鍋用1大匙油，小火炒香薑末、辣椒、蔥段，續放腐竹、蝦仁翻炒數下。

5. 加調味料1大火拌炒，淋上香油拌勻即可盛盤。

椰漿紅椒蝦

TIPS

▲油炸白蝦的溫度可用180℃的油溫油炸
2分鐘熟時,撈出瀝油。

🍲 做 法:

1. 白蝦去除腸泥洗淨,瀝乾水份。
2. 紅蔥頭去皮洗淨,和蒜頭、薑、辣椒,放入
   果汁機裡攪拌勻成細泥。
3. 鍋內放1杯油燒至180℃時,將白蝦油炸熟
   後,撈出瀝油。
4. 熱鍋用1大匙油,小火炒勻辛香料,續放白蝦
   翻炒數下。
5. 加調味料1小火慢燜至湯汁稍略收乾時,淋上
   香油拌勻即可盛盤。

🥘 材 料:

白蝦 220公克・蒜頭 22.5公克・薑 10公克
紅蔥頭 22.5公克・辣椒 1根・沙拉油 1杯

🧂 調味料:

1. 米酒 1茶匙・高湯 2大匙・鹽 1/2茶匙
   糖 1/4茶匙・椰漿 2大匙
2. 香油 適量

63

品蟹篇

品蟹篇

當菊花盛開之時，也正是螃蟹源源上市的時節，此時的螃蟹青殼白肚，卵滿膏膩、肉鮮味濃特別肥美。農曆九月有雌蟹，十月有雄蟹，所以有「九月團臍、十月尖」之諺。

蟹之所以吸引人，在於它的色彩不僅為秋抹上一記橘紅，其肥美的肉質，鮮甜的滋味，不論是單取蟹肉入菜，或是剁塊啃咬，都是品蟹的美味記憶。8-11月是吃蟹的最佳時節，不論是旭蟹、紅蟳、青蟹、三點蟹、花蟹、花腳蟹、白蟹或者軟殼蟹等，味美膏黃的蟹肉料理一直是喜食海鮮者不會輕易錯過的美食。

從中醫的角度來看，蟹具有補骨髓、充胃液、養筋活血的作用，同時，它還可治療小兒佝僂病和預防甲狀腺腫大，而蟹所含有的甲殼素可以抑制人體組織的不正常增生，也有抑制癌症復發及癌細胞擴散的作用。

蟹味鮮中微腥，蟹的吃法，大致上分為蒸煮、油燉、粉拖……等。也以製作各種的點心，尚能與蔬菜配合而成有名的菜餚，重要的是必須講究衛生，也就是說，蟹要洗得乾淨，煮得熟透。

Super crab

旭蟹肉醬煲

📋**材 料：**
旭蟹 1隻 （約重500公克）・番茄（切塊）2個
青蒜苗（切粗花）半支

🧴**調味料：**
熟豬油 1茶匙・高湯 1000cc・鹽 1/4茶匙
柴魚精 1/4茶匙・廣達香肉醬 1罐

🍲**做 法：**
1. 旭蟹待停止活動時，洗淨後剝開蟹蓋去鰓、臍，洗刷乾淨。
2. 將蟹螯每對切成4塊，用刀拍裂，蟹身每隻切成4塊。
3. 番茄切成塊；青蒜苗切成粗花。
4. 鍋內下熟豬油，將番茄炒出香味，再加入柴魚精、廣達香肉醬、鹽、高湯，燒煮至蟹塊熟後撇去浮油物，起鍋放入煲內，撒上青蒜苗花即成。

豉汁蒸旭蟹

做　法：

1. 旭蟹待停止活動時，洗淨後剝開蟹蓋去鰓、臍，洗刷乾淨。
2. 將蟹螯每對切成4塊，用刀拍裂，蟹身每隻切成4塊，放於盤內。
3. 蒜頭、薑、辣椒、豆豉均切末；蔥切成蔥花。
4. 鍋內下香油，將蒜末、薑末炒出香味，再加入辣椒、豆豉稍煸炒，即倒入果汁機裡，將之攪拌成細泥。
5. 炒鍋內放入高湯、米酒、魚露、蝦油、糖，再倒入已拌好的豆豉泥，用小火煮成豆豉汁，淋於蟹塊上，放入蒸籠約蒸5分鐘，熟後取出，撒上蔥花即成。

材　料：

旭蟹 1隻 （約重500公克）・豆豉 25公克
蒜末 20公克・薑末 10公克・辣椒（去籽切末）1根
蔥（切蔥花）半支

調味料：

高湯 100cc・米酒 1/4茶匙・魚露 1茶匙
蝦油 1/2茶匙・ 糖 1/4茶匙・香油 適量

香醋淋紅蟳

材　料：

紅蟳 2隻（約重500公克）・蒜末 30公克・薑末 10公克
辣椒（去籽切末）1根・蔥（切蔥花）1支

調味料：

麵粉 3大匙・水 100cc　白醋 6大匙・米酒 1/4茶匙
鹽 1/4茶匙　・糖 4大匙・胡椒粉 少許
太白粉水 1茶匙　・香油 適量・沙拉油 少許

做　法：

1. 紅蟳待停止活動時，分別解去縛住蟳螯的草索。洗淨後剝開蟳蓋，去鰓、臍、洗刷乾淨。
2. 將蟳螯每對切成4塊用刀拍裂，蟳身每隻切成4塊，沾上麵粉待用。
3. 蒜頭、薑，均切末；辣椒去籽切末；蔥切成蔥花。
4. 鍋內下油燒至180℃時，放入蟳塊約炸3分鐘，呈金黃色熟時，撈出、瀝油、擺盤。
5. 鍋內留餘油，將蒜末、薑末、辣椒炒出香味，隨即放入水、白醋、米酒、糖、鹽、胡椒粉，用小火略煮。
6. 待醬汁滾時，用太白粉水勾少許薄芡成濃稠，加入香油拌勻起鍋，撒上蔥花即成。

68

桂花紅蟳

🍲 做 法：

1. 紅蟳待停止活動時，分別解去縛住蟳螯的草索，洗淨後剝開蟳蓋，去鰓、臍，洗刷乾淨。

2. 將紅蟳螯每對切成4塊，用刀拍裂，蟳身每隻切成4塊，沾上麵粉待用。

3. 洋蔥、竹筍、香菇、青椒、紅蘿蔔均切成絲；芹菜拍碎切成段；蛋、鹽、胡椒粉磕在碗裡。

4. 鍋內下油，燒至180℃時，放入蟳塊約炸3分鐘呈金黃色熟時，撈出瀝油。

5. 炒鍋內留餘油，將洋蔥絲、竹筍絲、香菇絲、紅蘿蔔絲、青椒絲、芹菜絲，分別下鍋炒至香味溢出，再倒入磕有蛋液的碗內打散拌勻。

6. 炒鍋放在旺火上，倒沙拉油，隨即倒入拌勻的蛋液，用筷子伐散拌炒，待蛋凝固呈金黃色時，隨即倒入蟳塊同炒，加入米酒、梅林辣醬油翻炒數下，淋入香油拌勻，起鍋擺盤即成。

🔪 材 料：

1. 紅蟳 2隻 （約重500公克）・洋蔥絲 50公克
   竹筍絲（燙熟）20公克

2. 泡水香菇（切絲）2朵・青椒（切絲）15公克
   紅蘿蔔（切絲）15公克・芹菜（切段）1支 約10公克
   蛋 5個

🧂 調味料：

麵粉 3大匙・鹽 1/4茶匙・胡椒粉 少許・沙拉油 適量
米酒 1/4茶匙・梅林辣醬油 1/4茶匙・香油 適量

69

干炸蟳蓋

🔪材料：

活蟳 2隻（約重500公克）・太白粉 1/2茶匙
豬五花肉 (去皮) 30公克・綠竹筍 (燙熟) 30公克
荸薺 30公克・雞蛋 半個・蔥(切丁) 半根
番茄 (切片) 半個・醃黃蘿蔔 (切片) 50公克
香菜 5公克

🥄調味料：

鹽 1/8茶匙・糖 1/4茶匙・紹興酒 1/2茶匙
太白粉 1/2茶匙・胡椒粉 少許・麵包粉 1大匙
沙拉油 4杯

🍲做　法：

1. 將蟳洗淨蒸熟，待涼剝蓋去殼取肉；蟳蓋洗淨瀝乾，用乾太白粉1/2茶匙敷於內壁。

2. 豬五花肉、竹筍、荸薺均切成丁與蟳肉、蔥丁、鹽、糖、雞蛋、紹興酒、乾太白粉1/2茶匙、胡椒粉攪拌均勻做成餡料。

3. 將餡料分成2等份，分別裝入蟳蓋填實，並用蛋黃液拌勻於表面，撒上麵包末。

4. 炒鍋放在旺火上，下沙拉油燒至170℃時，將裝好的蟳蓋下鍋內油炸，待餡皮酥黃熟時，撈起瀝油，裝入盤內鑲配番茄片，醃黃蘿蔔、香菜即成。

甘瓜蒸蟳

🍲做　法：

1. 紅蟳待停止活動時，分別解去縛住蟳螯的草索，洗淨後剝開蟳蓋，去鰓、臍，洗刷乾淨。
2. 將蟳螯每對切成4塊，用刀拍裂，蟳身每隻切成4塊，擺於盤上。
3. 鹹冬瓜切丁；薑切絲；蔥切成蔥花。
4. 鍋內下熟豬油，將絞肉炒出香味，加入米酒、高湯、糖及鹹冬瓜煮成調味汁，再倒入蟳塊上，擺上薑絲，放入蒸籠內約蒸5分鐘，熟後取出撒上蔥花即成。

🔪材　料：

紅蟳 2隻 （約重500公克）・絞肉 40公克
鹹冬瓜 60公克・薑（切絲）5公克・蔥（切花）1支

🧴調味料：

熟豬油 1/2茶匙・米酒 1茶匙・高湯 100cc
糖 1/4茶匙

紅蟳米糕

材料：

紅蟳 2隻 （約重500公克）‧糯米 300公克‧蝦米 5公克
薑末 5公克‧洋火腿（切丁）20公克
泡水香菇（切丁）1朵‧里肌肉（切丁）20公克
芋頭（削皮切丁）30公克

調味料：

沙拉油‧熟豬油 1茶匙‧麻油 1大匙‧高湯 100cc
米酒 1大匙‧醬油 1茶匙‧糖 1/4茶匙‧胡椒粉 少許

做　法：

1. 糯米泡水2小時後淘洗乾淨，盛入漏碗中，放入蒸籠內約蒸25分鐘，蒸熟成糯米飯，倒入盆內。

2. 蝦米泡水至軟；香菇泡水，捏乾水份切小丁；洋火腿切小丁；里肌肉切小丁；芋頭削皮切小丁；薑切成米粒待用。

3. 鍋內下油，將芋頭丁油炸成金黃色熟時，撈出瀝油。

4. 鍋內下熟豬油、麻油，將薑末炒出香味，隨即放入里肌肉丁、香菇丁、火腿丁略炒，待肉丁熟時加入高湯、米酒、醬油、糖、胡椒粉，用小火煮滾，隨即放入芋頭丁略煮，再倒入糯米飯內一併攪拌成糯米油飯。

5. 紅蟳待停止活動時，分別解去縛住蟳螯的草索，洗淨後剝開蟹蓋，去鰓、臍，洗刷乾淨。

6. 將蟹螯每對切成4塊，用刀拍裂，蟹身每隻切成4塊，排在米糕上，再放入蒸籠內蒸5分鐘，熟後取出擺盤即成。

冬瓜蟳湯

🍲 做　法：

1. 紅蟳待停止活動時，分別解去縛住蟳螯的草索，洗淨後剝開蟳蓋，去鰓、臍，洗刷乾淨。

2. 將蟳螯每對切成4塊，用刀拍裂，蟳身每隻切成4塊。加米酒、鹽1/4茶匙醃漬一下，瀝乾水份，拌上太白粉待用。

3. 冬瓜去皮切成塊；雞腿洗淨切成塊。香菇切成對半；蒜頭、薑均切成末。

4. 鍋內下油，燒至180℃時，放入蟹塊用旺火炸至金黃色時撈出。

5. 鍋內放入高湯，加入冬瓜、雞腿、香菇及米酒、蒜末、薑末、鹽1/4茶匙煮開，撇去浮油泡沫，改用小火煮15分鐘，至冬瓜軟後，再放入青江菜煮熟，加入麻油拌勻即成。

🖌 材　料：

紅蟳 2隻（約重500公克）
米酒 1/4茶匙・鹽 1/4茶匙・太白粉 2大匙
沙拉油・冬瓜（去皮切塊）12塊 200公克
雞腿（切塊）1隻 500公克・
泡水香菇（切半）3朵・青江菜 3棵

🧴 調味料：

高湯 1200cc・米酒 1/2茶匙・蒜末 15公克
薑末 5公克・鹽 1/4茶匙・麻油 1/4茶匙

脫衣換錦蟳

做　法：

1. 將蟳洗淨蒸熟，待涼後剝蓋、去鰓，取蟳黃、蟳肉。
2. 剁下蟳螯，用刀面輕輕拍裂，取下8隻腳，蟳蓋邊緣削去，洗淨蓋內沾物、晾乾。
3. 蛋白2個磕在2個碗裡打散；豬腿肉、紅蘿蔔、竹筍、香菇、蔥均切成細絲。
4. 蝦肉剁成泥，加蛋白1個、太白粉1/2茶匙、胡椒粉少許、火腿末2公克，攪成蝦絨裝入蟳蓋內，依形鋪勻抹平，上蒸籠用旺火蒸12分鐘後取出，待涼後，脫蓋取出成蟳蓋形的蝦絨。
5. 將切成細絲之材料加上蟳肉、火腿末3公克、蔥絲、薑末、紹興酒、糖1/4茶匙、蛋白1個、太白粉1/2茶匙、鹽1/8茶匙攪拌成蟳肉絨，再捏成8個蛋形的蟳肉丸。
6. 在8隻蟳腳上分別插上蟳肉丸1粒，以蛋形蟳肉丸當蟳身，集中裝盤，按蟳形狀擺好，並裝上蟳螯，然後用蟳蓋形的蝦絨蓋在8粒蛋形蟳肉丸上成「換衣脫錦蟳」。
7. 擺盤好的料理上蒸籠，用旺火蒸15分鐘，青江菜洗淨，燙熟撈出，擺盤。
8. 鍋內入油、高湯，加鹽1/4茶匙、糖1/4茶匙，用太白粉水勾薄芡，淋在蟳上，撒上胡椒粉，加入香油拌勻即成。

材　料：

鮮大蟳（沙公）1隻（重600公克）
鮮蝦肉 90公克・熟火腿末 5公克
豬腿肉（去皮）30公克
紅蘿蔔 10公克・綠竹筍（燙熟）40公克

調味料：

胡椒粉 少許・紹興酒 1/4茶匙・糖 1/4茶匙
鹽 1/4茶匙・沙拉油・鹽 1/8茶匙・高湯 120cc
太白粉水 1茶匙・香油 適量

步　驟：

1. 蝦肉剁成泥，加入蛋白、太白粉、調味料攪拌，裝入蟳蓋內備用。
2. 在每個蟳肉丸上面插上蟳腳。

75

青蟹燒白菜

做法：

1. 青蟹待停止活動時，分別解去縛住蟹螯的草索，洗淨後剝開蟹蓋，去鰓、臍，洗刷乾淨。
2. 將蟹螯每對切成4塊，用刀拍裂，蟹身每隻切成4塊。
3. 大白菜洗淨切大塊，豆腐1塊切成8塊，乾蝦米、香菇泡水至軟，香菇切成塊。
4. 鍋內下油，燒至180℃時，放入豆腐炸至皮酥呈金黃色時撈出，隨即放入蟹塊，炸至蟹肉肉身收縮，微金黃色時撈起。再放入扁魚片油炸至酥脆時，撈出瀝油，待涼，切成小片。
5. 鍋內下熟豬油，先將香菇、蝦米炒出香味，隨即放入大白菜、扁魚片略炒，至大白菜熟軟時，倒入砂鍋中，放入高湯、米酒、醬油、鹽、胡椒粉，蟹塊放於中間，豆腐放旁邊，用小火燜煮10分鐘即成。

材料：

青蟹 2隻 （約重425公克）‧大白菜（切大塊）400公克
傳統豆腐 1塊‧蝦米 10公克‧泡水香菇 2朵
扁魚 10公克

調味料：

沙拉油‧熟豬油 1大匙‧高湯 500cc‧米酒 1/4茶匙
醬油 1大匙‧鹽 1/4茶匙‧胡椒粉 少許

百角蟹丸

🥄 做 法：

1. 青蟹待停止活動時，分別解去縛住蟹螯的草索，洗淨後剝開蟹蓋，去鰓、臍，洗刷乾淨，裝在盤內，入蒸籠用旺火蒸15分鐘熟後取出，晾涼，剔取蟹肉。

2. 蝦仁用刀面拍成細泥；土司切成丁；薑切末蔥、洋蔥均切末，取碗1個放入蟹肉、蝦泥、蛋白、米酒、鹽、糖、胡椒粉、太白粉、香油攪拌均勻，做成12個蟹球待用；雞蛋打散備用。

3. 土司丁放入盤內，將做成的蟹球沾上麵粉，再沾滿蛋液，逐個滾上土司丁。

4. 鍋內下油，燒至160℃時，將蟹丸逐個的放入油鍋炸約3～5分鐘，呈金黃色熟時，撈出瀝油，起鍋擺盤即成，吃時可沾胡椒鹽食之。

🔪 材 料：

青蟹 2隻（約重425公克）‧蝦仁 100公克
土司 80公克‧薑（切末）5公克‧蔥（切末）半支
洋蔥（切末）50公克‧蛋白 半個‧雞蛋 1個

🥢 調味料：

米酒 1/4茶匙‧鹽 1/4茶匙‧糖 1/4茶匙
胡椒粉 少許‧太白粉 1/2茶匙‧香油 適量
麵粉 2大匙‧沙拉油‧胡椒鹽 1/2茶匙

繡球蟹丸

材料：
青蟹 2隻 （約重425公克）・蝦仁 100公克
荸薺（拍碎）25公克・蟳肉絲（切對半）2條
蔥（切絲）1支・雞蛋 1個・絞肥油 50公克
蛋白 半個・荸薺（拍碎）25公克

調味料：
米酒 1/2茶匙・沙拉油・鹽 1/8茶匙・胡椒粉 少許
高湯 120cc・鹽 1/4茶匙・糖 1/4茶匙
太白粉 1/2茶匙・香油 適量

做 法：

1. 青蟹待停止活動時，分別解去縛住蟹螯的草索，洗淨後剝開蟹蓋，去鰓、臍，洗刷乾淨，裝在盤內，入蒸籠用旺火蒸15分鐘熟後取出，晾涼，剔取蟹肉。

2. 蝦仁用刀背拍成細泥；荸薺拍碎捏乾水份；蟳肉絲切半撕成細絲；蔥切成絲；雞蛋1個煎成蛋皮切成細絲待用。

3. 取碗一個，放入蝦泥、絞肥肉、蟹肉、米酒、蛋白、鹽1/8茶匙、胡椒粉一同拌成餡料做成蟹球。

4. 將蟳肉絲、蔥絲、蛋皮絲一起於盤內拌勻，將做好的蟹球逐個沾上拌勻的絲。

5. 盤內抹少許油，將做好蟹丸逐個放入盤中，上蒸籠約蒸12分鐘熟後取出。

6. 鍋內放入高湯、鹽1/4茶匙、糖煮滾，用太白粉水勾少許薄芡，淋上香油拌勻，盛入蟹丸上即成。

溜黃青蟹

🍲做　法：

1. 青蟹待停止活動時，分別解去縛住蟹螯的草索，洗淨後剝開蟹蓋去鰓、臍，洗刷乾淨。
2. 將蟹螯每對切成4塊，用刀拍裂，蟹身每隻切成4塊。
3. 雞蛋磕在碗裡打散；蔥、薑均切末；洋火腿切末。
4. 鍋內下熟豬油燒熱，加入蔥末、薑末炒出香味，放入蟹塊略煎，加入米酒，加鍋蓋稍燜，再加入高湯、柴魚精、鹽，將蟹塊燜煮至熟，用太白粉水勾少許薄芡，再將蛋液慢慢推入翻炒均勻，淋上香油，翻炒數下，起鍋擺盤撒上火腿末即成。

🔪材　料：
青蟹 2隻 （約重425公克）‧雞蛋 5個‧蔥 (切末) 半支
薑末 5公克‧洋火腿 (切末) 5公克

🥄調味料：
熟豬油 1大匙‧米酒 2大匙‧高湯 100cc
柴魚精 1/4茶匙‧鹽 1/4茶匙‧太白粉水 少許
香油 適量

茄子焗青蟹

🏷️ **材 料：**
青蟹 2隻 （約重425公克）· 茄子 2條
薑片 5公克 · 辣椒（切段）2根

🥄 **調味料：**
沙拉油 · 米酒 1/4茶匙 · 高湯 160cc
康寶雞粉 1/2茶匙 · 醬油 1/2茶匙 · 糖 1/2茶匙
胡椒粉 少許 · 太白粉水 少許 · 香油 適量

🍲 **做 法：**

1. 青蟹待停止活動時，分別解去縛住蟹螯的草索，洗淨後剝開蟹蓋，去鰓、臍，洗刷乾淨。

2. 將蟹螯每對切成4塊，用刀拍裂，蟹身每隻切成4塊。

3. 茄子1條切開成4條，再切成段；薑切薑片；辣椒切段。

4. 鍋內下油，燒至180℃時，放入茄段油炸呈金黃色，撈出瀝油，隨即放入蟹塊炸至蟹肉肉身收縮時，撈起瀝油。

5. 鍋內留餘油，將薑片、辣椒炒出香味，隨即放入蟹塊、茄段略炒，加入米酒、高湯、雞粉、醬油、糖、胡椒粉，蓋上鍋蓋，用小火燜燒5分鐘待湯汁稍略收乾時，用太白粉水勾少許薄芡，淋上香油拌勻，起鍋擺盤。

芙蓉花蟹

做 法：

1. 花蟹待停止活動時，分別解去縛住蟹螯的草索，洗淨後剝開蟹蓋，去鰓、臍洗刷乾淨。
2. 將蟹螯每對切成4塊，用刀拍裂，蟹身每隻切成4塊，放在盤內。
3. 雞蛋磕在碗裡打散，加入鹽1/4茶匙、水，用打蛋器攪勻倒入水皿內，用保鮮膜封起。
4. 蔥切成絲；泡水香菇捏乾水份切絲；魚板切絲待用。
5. 將蟹身和水皿內的蛋液一起放入蒸籠內，約蒸5～6分鐘，至蛋液成型，蟹肉熟後，將蟹肉擺於蒸蛋上。
6. 鍋內放入高湯、米酒、柴魚精、鹽1/4茶匙、糖、胡椒粉煮滾，隨即放入蔥絲、香菇絲、魚板絲，用太白粉水勾少許薄芡，淋上香油拌勻，倒入碗內即成。

材 料：

花蟹 2隻（約重550公克）·雞蛋 4個·蔥（切絲）1支
泡水香菇（切絲）1朵·魚板（切絲）5公克

調味料：

鹽 1/4茶匙·水 300cc 高湯 200cc ·米酒 1/4茶匙
紫魚精 1/4茶匙·鹽 1/4茶匙·糖 1/4茶匙
胡椒粉 少許·太白粉水 少許 香油 適量

豉椒炒三點蟹

做　法：

1. 三點蟹待停止活動時，分別解去縛住蟹螯的草索，洗淨後剝開蟹蓋，去鰓、臍，洗刷乾淨。
2. 將蟹螯每對切成4塊，用刀拍裂，蟹身每隻切成4塊，沾上麵粉待用。
3. 蒜頭、朝天椒、豆豉均切末；洋蔥切絲；蔥切段。
4. 鍋內下油，燒至180℃時，放入蟹塊約炸3分鐘，呈金黃色熟時，撈出瀝油。
5. 鍋內留餘油，將蒜末、朝天椒、洋蔥絲、蔥段炒出香味，再加入豆豉煸炒，隨即加入高湯、米酒、醬油、糖、炸好蟹塊，燜燒一下待湯汁稍略收乾時，用太白粉水勾少許薄芡，淋上香油拌勻，起鍋擺盤即成。

材　料：

三點蟹 2隻 （重320公克）・蒜末 5公克
朝天椒 2根・豆豉（切末）10公克
洋蔥（切絲）35公克・蔥（切段）半支

調味料：

麵粉 3大匙・沙拉油・高湯 120cc
米酒 1/4茶匙 ・醬油 1茶匙・糖 1/2茶匙
太白粉水 少許 ・香油 適量

步　驟：

1. 將蒜頭、辣椒、豆豉分別切成末。

2. 炒香末料、蔥段及豆豉。

花蟹粉絲煲

🍲 做　法：

1. 花蟹待停止活動時，分別解去縛住蟹螯的草索，洗淨後剝開蟹蓋，去鰓、臍，洗刷乾淨。
2. 將蟹螯每對切成4塊，用刀拍裂，蟹身每隻切成4塊，擺盤放入蒸籠約蒸5分鐘，熟後取出待用。
3. 大白菜洗淨切絲；香菇泡水至軟切絲；乾蝦米、冬粉分別泡水至軟；蔥切成蔥粒；香菜切碎。
4. 鍋內下油，將蔥粒炒出香味，隨即放入蝦米、肉絲煸炒，再放入大白菜、香菇絲略炒，最後拌入粉絲，加入高湯、柴魚精、醬油、肉醬、哈哈辣豆瓣、胡椒粉拌炒至湯汁收乾時，淋上香油拌勻，上面再擺蒸熟的蟹塊、香菜即成。

🍳 材　料：

花蟹 2隻 (約重 550公克)
大白菜（切絲）80公克
肉絲 50公克・泡水香菇（切絲）2朵
蔥（切粒）1支・乾蝦米（泡水）5公克
冬粉（泡水）3把・香菜（切碎）5公克

🧴 調味料：

沙拉油・柴魚精 1/4茶匙・高湯 600cc
醬油 1茶匙・廣達香肉醬 3大匙
哈哈辣豆瓣 2茶匙・胡椒粉 少許・香油 適量

🍲 步　驟：

1. 大白菜洗淨切成細絲。　2. 將冬粉泡水至軟即可。

豆豉花生炒花蟹

材料：

花蟹 2隻 （約重480公克）・豆豉 10公克
蒜味花生 10公克・蒜末 10公克・薑末 5公克

調味料：

沙拉油・米酒 1/4茶匙・高湯 220cc
美極鮮味露 1/4茶匙・康寶雞粉 1/4茶匙
糖 1/2茶匙・哈哈辣豆瓣 1茶匙・太白粉水 少許
香油 適量

做 法：

1. 花蟹待停止活動時，分別解去縛住蟹螯的草索，洗淨後剝開蟹蓋，去鰓、臍，洗刷乾淨。
2. 將蟹螯每對切成4塊，用刀拍裂，蟹身每隻切成4塊。
3. 豆豉、花生均切碎；蒜頭、薑切成末。
4. 鍋內下油，燒至180℃時，放入蟹塊，炸至蟹肉肉身收縮，撈出瀝油。
5. 鍋內留餘油，將蒜末、薑末炒出香味，隨即放入豆豉、花生煸炒，再加入米酒、高湯、美極鮮味露、康寶雞粉、蟹塊、哈哈辣豆瓣及糖，蓋上鍋蓋，用小火燜燒5分鐘，待湯汁稍略收乾時，用太白粉水勾少許薄芡，淋上香油拌勻，起鍋擺盤即成。

樹子蒸花蟹

🥘 **做　法：**

1. 花蟹待停止活動時，分別解去縛住蟹螯的草索，洗淨後剝開蟹蓋，去鰓、臍，洗刷乾淨。
2. 將蟹螯每對切成4塊，用刀拍裂，蟹身每隻切成4塊待用。
3. 海帶洗淨；蒜頭、薑、辣椒（去籽）均切成末；香菜切碎。
4. 鍋內下油，燒至160℃時，用小火將蒜末油炸至金黃色酥時撈出。
5. 鍋內下熟豬油，將薑末、辣椒炒出香味，放入樹子、米酒、醬油1/2茶匙、醬油膏、蠔油、高湯30cc、糖和已油炸好的蒜頭酥，煮成樹子醬汁。
6. 鍋內放入高湯150cc、醬油1茶匙，同海帶用小火一起燒煮，煮至海帶軟時撈出待涼，切成條；再放入盤中，將蟹塊放於海帶上，淋上樹子醬汁，放入蒸籠約蒸5分鐘，熟後取出，放上香菜末即成。

🔪 **材　料：**
花蟹 2隻 （約重550公克）・海帶 3條 （約90公克）
蒜末 5公克・薑末 5公克・辣椒（切末）1茶匙
樹子 20公克・香菜（切碎）5公克

🧂 **調味料：**
沙拉油・熟豬油 1/2茶匙・米酒 1/4茶匙
醬油 1/2茶匙・醬油膏 1/2茶匙・蠔油 1/2茶匙
高湯 180cc・醬油 1茶匙

扒菜扣花腳蟹

做　法：

1. 花腳蟹待停止活動時，分別解去縛住蟹螯的草索，洗淨後剝開蟹蓋，去鰓、臍，洗刷乾淨。
2. 將蟹螯每對切成4塊，用刀拍裂，蟹身每隻切成4塊。
3. 梅干菜切碎洗淨捏乾水份；蒜頭拍碎；蔥切段；香菜洗淨切碎。
4. 鍋內下油，燒至180℃時，放入蟹塊，炸至蟹肉肉身收縮時，撈出瀝油，放於扣碗中。
5. 鍋內留餘油，將蒜頭、蔥段炒出香味，隨即放入絞肉炒香，再加入梅干菜翻炒幾下，加入高湯、醬油、米酒、糖、胡椒粉、熟豬油、香油用小火燜煮至軟爛、撈出，擺於扣碗內的蟹塊上，放入蒸籠約蒸5～6分鐘熟時，取出倒扣盤中，再放上香菜即成。

材　料：

花腳蟹 2隻 （約重 400公克）
梅干菜 （切碎） 70公克
絞五花肉 40公克‧蒜頭（拍碎） 10公克
蔥 （切段） 1支‧香菜 （洗淨切碎） 3公克

調味料：

沙拉油‧高湯 120cc‧醬油 1茶匙
米酒 1/2茶匙 ‧糖 1/2茶匙‧胡椒粉 少許
熟豬油 1大匙‧香油 適量

步　驟：

1. 梅干菜洗淨，切碎備用。

2. 熱鍋下油，將蒜頭、蔥段、絞肉炒出香味。

白蟹釀橙

🥘 做　法：

1. 白蟹待停止活動時，分別解去縛住蟹螯的草索，洗淨後剝開蟹蓋，去鰓、臍，洗刷乾淨。
2. 將蟹螯每對切成4塊，用刀拍裂，蟹身每隻切成6塊，沾3大匙吉士粉備用。
3. 大甜橙洗淨削皮切厚片。
4. 鍋內下油，燒至180℃時，放入蟹塊炸至金黃色，熟時撈出瀝油。
5. 鍋內留餘油，將薑末炒出香味，隨即放入水、橘子粉、吉士粉1茶匙、酒釀、糖、鹽、甜橙片略稍煮，待湯汁濃稠時即放入蟹塊翻炒數下拌勻，淋上香油拌勻，起鍋擺盤即成。

🔪 材　料：
白蟹 1隻 （約重 360公克）・吉士粉 3大匙
大甜橙（削皮）2個・薑末 3公克

🧂 調味料：
沙拉油・水 160cc・橘子粉 4大匙
吉士粉 1茶匙・酒釀 1大匙・糖 1/2茶匙
鹽 1/4茶匙・香油 適量

🥘 步　驟：

1. 甜橙洗淨，削去表皮，切成厚片。

2. 切好的蟹塊沾上吉士粉油炸。

蟹黃豆腐

TIPS

▲ 通常為了增添蟹黃的色澤，在菜餚中往往做些假蟹黃。

▲ 假蟹黃材料如：紅蘿蔔用湯匙刮下3大匙、薑屑1/4茶匙、雞肉屑1大匙。用4大匙沙拉油小火炒上列材料，加3大匙蟹肉即成。

🔖 材 料：

蟹黃 100公克・鹹蛋黃 2個・雞蛋豆腐 1盒
蝦仁 30公克・蟹腿肉 100公克・芹菜末 10公克
泡水香菇（切丁）1朵・青豆仁 40公克

🏷 調味料：

熟豬油 1大匙・高湯 700cc・柴魚精 1/4茶匙
康寶雞粉 1茶匙・鹽 1/2茶匙・糖 1/4茶匙
胡椒粉 少許・香油 適量・太白粉水 少許

🍲 做 法：

1. 將豆腐橫面剖一刀，再直面切三刀，橫切三刀使之成為小丁。

2. 青豆仁、蟹腿肉煮熟漂水沖涼；蝦仁去腸泥切成小丁；香菇泡水至軟切成小丁；芹菜切成末；鹹蛋黃蒸熟切米粒。

3. 鍋內放入熟豬油，將蟹黃、鹹蛋黃炒出香味，隨即放入高湯、豆腐、蝦仁丁、蟹腿肉、香菇丁、青豆仁，加入柴魚精、雞粉、鹽、糖、胡椒粉煮滾，撇去浮油泡沫，用太白粉水勾少許薄芡，淋上香油拌勻，倒入鍋中，撒上菜芹末即成。

蟹絲黃瓜卷

做　法：

1. 越前棒用手撕開：大黃瓜削皮，切成6公分長段，順著圓柱狀再切4×8公分薄片10片，用少許鹽抓勻醃至軟時，漂水，撈出瀝乾水份。

2. 蛋黃蒸熟再放入烤箱中以150℃烤酥，待涼壓成粉末狀。

3. 竹筍燙熟去殼切成絲；香菇泡水捏乾水份，切成絲；蔥切成絲。

4. 將黃瓜片置於砧板上，撒上乾太白粉，再將竹筍絲、香菇絲、蔥絲、蟳肉絲，排放於黃瓜片上逐個捲起，放入盤內，入蒸籠約蒸5分鐘熟後取出擺盤。

5. 鍋內放入高湯、鹽、糖、胡椒粉，用小火煮至滾時，加入太白粉水勾少許薄芡，淋上香油拌勻，盛入黃瓜捲上，撒上蛋黃粉即成。

材　料：

越前棒（蟳肉絲）2條・大黃瓜 1條・鹹蛋黃 2個
燙熟竹筍（切絲）50公克・泡水香菇（切絲）3朵
蔥（切絲）1支

調味料：

鹽 少許・高湯 200cc ・鹽 1/4茶匙・糖 1/4茶匙
胡椒粉 少許・太白粉水 少許・香油 適量
乾太白粉 少許

烹魚篇

魚分為海水魚及淡水魚2大類，而淡水魚又分為養殖魚與天然生殖魚。魚是象徵著「吉慶有餘」、「豐富有餘」，在宴席上所用之魚，一向採用整條形狀的全魚，以表示禮貌與敬意（有頭有尾、十全十美之意）。

以下提供製作時需要注意的小撇步

1、直接用冷水做清燉魚或魚湯較無腥味，冷水必須一次放足，如果中途加水，會減輕原來的鮮味。

2、燉魚的時候，提前在魚身上抹些精鹽，在燉的時候可防止魚肉散碎而保持形狀美觀。

3、燉魚時，油熱後放魚，魚的蛋白質凝固後再放薑，薑可去腥味；若太早放薑，魚的蛋白質未凝固時，會阻礙生薑的去腥作用。

4、在燒魚的時候放點食醋，不但可以去腥增香，而且魚肉易爛，並可溶解食物中的鈣質，利於人體吸收。

5、炸魚時，在麵糊中可加入少許小蘇打，炸出來的魚呈現鬆軟酥脆。

6、煎魚不黏鍋：鍋要洗淨，燒熱放油，油熱放魚；魚身上可裹薄薄一層麵粉、地瓜粉或太白粉。

7、煎魚不爆：煎魚時常常會油花飛濺，這是魚身上的水碰到熱油引起的。解決的辦法是在魚下鍋前先用鹽在魚身上抹幾下，讓鹽吸乾魚表水份，且抹鹽一定要在切割之前，否則煎出的可能是條過鹹的魚。

　　魚之烹調方法很多，一般家庭可使用紅燒、乾煎、酥炸、清蒸、溜、炒、烤、燻等數種。由於魚肉本身為淡而具鮮味之材料，故建議烹調前應先以短時間醃泡為佳，魚皮所含之膠質成份較多，在煎、炸時極易黏粘鍋底，防止方法也可將鍋乾燒得極熱之後，用薑片拭擦，再放油下鍋，待油燒熱後才放魚即可。

Boils the fish

蒜苗炒鯊魚肉

材料：

鯊魚肉 200公克・青蒜苗 1支・薑 10公克
辣椒 1根・沙拉油 1杯

調味料：

1. 米酒 1/4茶匙・鹽 1/4茶匙・胡椒粉 1/8茶匙
   太白粉 1茶匙
2. 米酒 1大匙・高湯 1大匙・米醬 1大匙・糖 1/4茶匙
3. 香油 適量

TIPS

▲買回來的鯊魚肉先洗淨，拌入調味料
醃漬後再油炸，可去除少許的腥味。

做　法：

1. 鯊魚肉洗淨切成0.5公分的厚片，加入調味料1拌勻，醃漬15分鐘。
2. 薑切成菱形片；蒜苗斜切成片；辣椒去籽切菱形片。
3. 鍋內放油1杯燒至170℃時，將鯊魚肉過油，待熟後，撈出瀝油。
4. 熱鍋用1大匙油，小火炒香薑片、辣椒、蒜苗，續放入鯊魚肉翻炒數下。
5. 加調味料2，大火拌炒，淋上香油拌勻即可盛盤。

荸薺魚丁

做法：

1. 魚肉切成2公分大小的丁，加入調味料1拌勻，醃漬15分鐘。
2. 荸薺每個對半切；紅甜椒去籽，切2公分大小的丁；蒜頭切末；辣椒切小丁；青蒜苗切丁。
3. 鍋內放1杯油燒至170℃時，將魚丁油炸至熟後，撈出瀝油。續放荸薺丁油炸至呈金黃色熟時，撈出。
4. 熱鍋用1大匙油，小火炒香蒜末、辣椒、青蒜苗，續放甜椒丁、魚丁翻炒數下。
5. 加調味料2大火拌炒，淋上適量香油拌勻即可盛盤。

材料：

魚肉 170公克・沙拉油 1杯・荸薺 200公克
紅甜椒 15公克・蒜頭 15公克・辣椒 1根
青蒜苗 1支・雞蛋 1個

調味料：

1. 米酒 1/2茶匙・鹽 1/8茶匙・胡椒粉 1/8茶匙
   蛋白 1茶匙・太白粉 1茶匙・沙拉油 1茶匙
2. 米酒 1茶匙・高湯 1大匙・醬油膏 1大匙
   糖 1/4茶匙・烏醋 1/4茶匙
3. 香油 適量

TIPS

▲炸魚丁的油溫可用中火（約170℃）約炸2～3分鐘呈金黃色，待熟時撈出。

韭黃魚絲

TIPS

▲魚肉可選用真空包裝的潮鯛魚片或無刺的鮸魚肉。

▲炸魚絲時,須在油溫五成熱時,放入魚絲,並以筷子快速撥散,注意魚絲不能炸太久。

▲五成熱約130℃。

材 料:

魚肉片 220公克・韭黃 100公克・蒜苗 1/2支
辣椒 1根・薑 1塊(約20公克)・蛋白 1個

調味料:

鹽 1/2茶匙・鹽 1/8茶匙・糖 1/4茶匙・白醋 1/4
茶匙・米酒 4茶匙・高湯 80cc・太白粉 1大匙
太白粉水 1茶匙・香油 適量・沙拉油 3杯

做 法:

1. 將魚肉切絲盛入碗內,加入蛋白、太白粉1大匙、米酒2茶匙、鹽1/8茶匙拌勻。
2. 韭黃切段:蒜苗、辣椒、薑切絲備用。
3. 鍋內下油燒至五成熱時,放入魚絲,撥散魚絲,待熟時,撈起瀝油。
4. 鍋內留餘油,加入薑絲、蒜苗、辣椒絲、韭黃炒出香味,倒入魚絲和糖、1/2茶匙鹽、白醋、米酒2茶匙、高湯、太白粉水1茶匙、香油,翻炒數下後即可盛盤。

賽螃蟹

做 法：

1. 鱈魚肉放入蒸籠，蒸熟後撕碎。
2. 生鴨蛋黃用筷子攪拌均勻。
3. 將高湯、薑汁、米酒、鹽、糖、太白粉調成汁待用。
4. 鍋內下豬油，加入薑、蒜末炒出香味，倒入生鴨蛋黃同炒，再加入魚肉拌炒，最後加調味料，翻炒數下盛入盤內，撒上蔥末即成。

材 料：

鱈魚肉 300公克・生鴨蛋黃 3個・薑末 2茶匙
蒜末 2茶匙・ 蔥末 1茶匙

調味料：

薑汁 1茶匙・米酒 2茶匙・高湯 115cc
鹽 1/2茶匙・ 糖 1/4茶匙 ・太白粉 2大匙
豬油 2大匙

TIPS

▲ 炒此道菜時，下鍋時間不宜太久，火候須要控制得宜。

▲ 依個人口味，可添加少許胡椒粉。

▲ 若買不到生鴨蛋，也可以雞蛋代替。

雪花魚絲羹

TIPS

▲魚肉亦可選用新鮮的鯰魚肉或鱈魚肉。

▲「漂」即沖涼、泡涼之意。

▲2大匙的乾太白粉可加1大匙的水，調勻成太白粉水，作為勾芡用。

材料：

黃魚 1塊（約600公克）・洋火腿片 40公克煮熟・竹筍 1支・ 蛋白 1個・泡水香菇 4朵蔥末 1茶匙

調味料：

太白粉 5茶匙・ 雞高湯 1000cc・胡椒粉 少許鹽 1/2茶匙・柴魚精 1/2茶匙・太白粉水 2大匙香油 適量

做 法：

1. 將黃魚去鱗、去鰓、剖腹、去內臟，洗淨後切去頭部，片去背脊骨與腹骨，以刀將魚肉刮下，加入鹽1/4茶匙，以刀背剁成泥。

2. 將太白粉5茶匙撒在砧板上，把魚泥推在上面沾上太白粉，再切成3塊，分別擀成0.5公分厚的魚泥片。

3. 放入沸水中燙約1分鐘，用漏勺撈起後，再放入冷水內漂約5分鐘，撈出後用刀切成絲狀。

4. 將蛋白放入盆內，用筷子或打蛋器攪打成泡沫狀待用；火腿、竹筍、香菇均切絲。

5. 雞湯燒沸後，將魚肉絲、竹筍絲、香菇絲同時放入鍋內，再加鹽1/4茶匙、柴魚精、胡椒粉。

6. 用太白粉水調稀勾芡，再倒入蛋白攪拌一下，淋上香油拌勻，撒上火腿絲、蔥末，即可盛碗。

酥炸黃魚條

TIPS
▲ 在切製魚條時，長、寬、厚度需大小一致，成品菜餚需留頭尾，放入腰盤內。
▲ 粉漿料拌勻後，應先靜置待其鬆弛才可使用，油炸後成品的外皮才易蓬鬆、酥脆。

做 法：

1. 魚刮去魚鱗切下魚頭、尾（尾部略修剪），在魚頭硬骨處剖開，不切斷成一大片，魚身從魚背部切劃刀，取兩片魚肉，去脊骨、刺、皮，切約長 5 公分、寬 1 公分、厚 0.8 公分的魚條，加醃拌料略醃。
2. 將粉漿料、麵粉、太白粉、雞蛋、泡打粉，加水調取所需的濃稠度，續放入沙拉油拌勻成麵糊，放置 10～15 分鐘靜置，魚頭、尾沾適量麵糊，魚條沾裹上麵糊。
3. 鍋內放油以大火燒至 170℃ 時轉小火，先放入魚頭、魚尾炸熟撈出，續放魚條以小火炸至酥熟呈金黃色時轉大火搶酥，逼去多餘的油份，撈起瀝油，整型、排入腰盤內成全魚狀。
4. 以味碟或小瓷碗盛裝椒鹽或番茄醬付上，以供沾食。

材 料：
黃魚（切條）1尾

醃拌料：
鹽 1/4茶匙・白胡椒粉 適量
米酒 1茶匙

粉漿料：
麵粉 2/3杯・太白粉 1/3杯・雞蛋 1顆
泡打粉 1/2茶匙・水 3/4杯・沙拉油 1大匙

沾 料：
味精 1/4茶匙（壓碎）・鹽 1/8茶匙
胡椒粉 1/4茶匙

蒜味丁香

TIPS

▲ 可添加適量的豆豉，或少許的辣豆瓣醬調味。

▲ 將材料先過油熟成，可縮短炒製的時間，且材料之熟成度才會一致。

材 料：

丁香魚 180公克・蒜苗 1支・蒜頭 2個
辣椒 1根・沙拉油 1杯

調味料：

1.麵粉 1大匙

2.醬油膏 1大匙・糖 1/4茶匙・胡椒粉 1/8茶匙
　梅林辣醬油 1/4茶匙

3.香油 適量

做 法：

1. 丁香魚洗淨，瀝乾水份，加入調味料1拌勻。

2. 蒜苗斜切成片；蒜頭切末；辣椒斜切成片。

3. 鍋內放1杯油燒至170℃時，用中火將丁香魚炸2分鐘至呈金黃酥脆熟時，再撈出瀝油。

4. 熱鍋用1大匙油，小火炒香蒜末、辣椒、蒜苗，續放丁香魚翻炒數下。

5. 加上調味料2大火拌炒，淋上香油拌勻，起鍋即可盛盤。

三絲魚卷

🍲 做　法：

1. 將魚肉去細刺，切成10小片。
2. 雞胸肉燙熟後，與火腿、香菇、蔥、薑切成細絲，分別放在盤裡。
3. 將魚肉平放，撒上1茶匙太白粉，再將雞絲、火腿絲、香菇絲、蔥絲、薑絲均分成10份，分別放在魚片上，捲成魚卷，置入沾有少許沙拉油的盤上，撒上1茶匙米酒約蒸5分鐘，蒸熟後取出。
4. 小豆苗川燙至熟後，擺放在魚肉兩旁。
5. 鍋中倒入高湯、鹽、米酒 1茶匙燒開後，以太白粉水1茶匙調稀勾薄芡並淋上熟豬油，倒入蒸好的魚卷上即成。

🔪 材　料：

魚肉 2片 （約120公克）・雞胸肉 1塊（約60公克）
洋火腿片 40公克・泡水香菇 2朵・蔥 1支
薑 1塊（約20公克）・小豆苗 40公克

🥄 調味料：

米酒 2茶匙・ 鹽 1/4茶匙・太白粉 1茶匙
太白粉水 1茶匙・高湯 100cc・ 熟豬油 1大匙
沙拉油 1/2茶匙

TIPS

▲ 1. 魚肉亦可選用石斑魚或鮸魚肉、潮鯛魚片。
2. 蒸魚時，務必放入沸水中蒸，而且鍋蓋要蓋密以保鮮嫩，否則蒸熟後皮肉會黏於盤面，亦可在魚肉下面墊兩根長蔥，以防止魚肉沾黏於盤中。

鱸魚兩吃

🧂 **材料：**

鱸魚 (中段塊對剖、頭、尾切長段)1尾 600公克
洋蔥 (切菱形片) 15公克
青椒 (切菱形片) 15公克・紅椒(切菱形片) 15公克
蔥（切絲、切段）3支・辣椒（切絲）1根
薑（切絲）10公克

🏷️ **醃拌料：**

米酒 1茶匙・鹽 1/4茶匙

🏷️ **沾粉料：**

地瓜粉 2茶匙

🧴 **調味料**

1. 番茄醬 2大匙・水 5大匙・糖 1大匙
   醋 1大匙・香油 適量・太白粉水（勾芡用）
2. 香油 適量
3. 米酒 1茶匙・味精 1/4茶匙・蠔油 1大匙
   糖 1茶匙・水 5茶匙

🍲 **做法：**

1. 洋蔥去皮、青紅椒皆切菱形片，分別燙熟；
   蔥1支切小段，1支切長段，1支切蔥絲；
   辣椒去籽切絲；薑切絲。
2. 鱸魚刮除魚鱗、去鰓、內臟，分切成3段 ---
   魚頭、魚肉中段、魚尾（1），將魚頭、魚

尾肉身的部份兩側各劃上一刀（2）。魚肉
中段由腹部剖開至背脊不斷（3），在魚肉
身上切劃一至二刀（4），用醃拌料略醃，
沾地瓜粉備用。

3. 鍋內下油燒至 170℃ 時，放入魚肉中段油
炸呈金黃色熟時，撈起瀝油，放入盤中間。

4. 魚頭、尾部放入墊有蔥段的盤內，入蒸鍋以
中大火蒸熟取出，擺放於油炸魚肉前後。

5. 鍋內下 1 匙油，小火炒香蔥段，加調味料1
小火煮滾，勾芡淋於油炸魚肉上。

6. 鍋內放入調味料2小火炒香蔥絲、辣椒絲、
薑絲，加調味料3煮滾，回淋於蒸熟的魚
頭、魚尾上即成。

五柳魚

🍲做 法：

1. 鱸魚刮去魚鱗，除內臟、鰓，洗淨，在魚兩側斜劃 3 刀，續放入滾水中川燙(1)，去血水，放盤內，入蒸鍋蒸 15 分鐘，熟時取出。

2. 香菇泡水去蒂切條；竹筍、紅蘿蔔、青椒、火腿切條；辣椒去籽切條；蒜頭切片；蔥切段。

3. 鍋內放水煮滾，放入竹筍、紅蘿蔔，川燙熟時撈出。

4. 鍋內下 1 大匙油，小火炒香蒜片、蔥段、辣椒條，續放入香菇片、火腿條、竹筍、紅蘿蔔條、青椒條略炒(2)，加調味料1小火煮滾，用太白粉水勾薄芡，拌入香油拌勻，淋在魚身上即成。

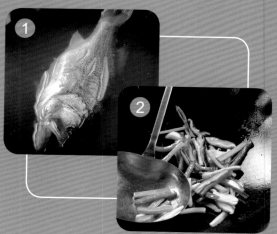

🖌材 料：

鱸魚 1尾 600公克・乾香菇 2朵・竹筍 20公克
紅蘿蔔 10公克・青椒 20公克・火腿 20公克
沙拉油 1大匙・蒜頭 2粒・蔥 半支・辣椒 1根

🍶調味料：

1. 鹽 1/2茶匙・糖 3大匙・水 1杯
   醬油 1 1/2大匙・烏醋 3大匙
2. 太白粉水 適量・香油 適量

TIPS

▲ 相傳五柳魚的做法是唐代詩聖杜甫以薑、辣椒、蔥、筍切成柳絲狀與鮮魚烹煮而得名；入口活潑爽脆，滋味豐富，餘韻激活，色彩繽紛，口感頗佳，兼之甜酸並濟，而且恰到好處，讓人食罷津津。

苦瓜鱸魚

材 料：
鱸魚 1尾 600公克・苦瓜 200公克・薑 15公克
蔭瓜 60公克・水 1200公克

調味料：
鹽 1/2茶匙

做 法：

1. 鱸魚刮除魚鱗，去鰓、內臟，洗淨，切成寬 2 公分的塊；苦瓜對剖，去籽，切成長 4 公分×寬 1 公分的段；薑切片。

2. 鍋內放水煮滾，先川燙苦瓜，撈出；續放鱸魚塊川燙即撈出、洗淨。

3. 鍋內加水煮開，放入苦瓜、鱸魚塊、薑片、蔭瓜，以大火煮滾，撇去浮沫，改小火煮約 10～15 分鐘至苦瓜軟鱸魚熟，加調味料即成。

TIPS

▲苦瓜是一種營養價值很高的瓜菜，它含有蛋白質、脂肪、澱粉、鈣、磷、鐵、胡蘿蔔素、核黃素、維生素C等營養成份。研究顯示，苦瓜含多種氨基酸、半乳糖醛酸、果膠等成份，苦瓜中維生素C的含量相當於番茄的7倍，蘋果的17倍。豐富的維生素C有益於調節體內代謝，增強免疫功能，促進皮膚癒合。苦瓜的微苦味道，能刺激唾液及胃液大量分泌，有助於消化和增加食慾，配上新鮮鱸魚，相當好喝也很開胃。

燴虱目魚肚

TIPS

▲ 魚肚亦可用蒸的方式。可先將辛香料炒勻再加入調味料，一同煮至濃稠，放入魚肚上，用蒸籠蒸熟。

🔪 材 料：

虱目魚肚 1塊 200公克・鹹鳳梨 20公克
米醬 20公克・薑 5公克・辣椒 1/2根
蔥 1/2支・沙拉油 1大匙

🧴 調味料：

1. 米酒 1大匙・高湯 15大匙・醬油膏 1大匙
   糖 1/2茶匙・烏醋 1/2茶匙
2. 香油 適量

🥣 做 法：

1. 虱目魚肚洗淨；鹹鳳梨切成小丁；薑切米粒。
2. 辣椒去籽切絲；蔥切成絲，兩者混合泡水備用。
3. 熱鍋用1大匙油，小火炒香薑米、鹹鳳梨、米醬(1)，續放調味料1燒煮20秒。
4. 放入虱目魚肚轉小火燜煮 5～10 分鐘，待湯汁收乾時淋上香油拌勻即可盛盤(2)，上放辣椒絲及蔥絲。

五色魚絲

做 法：

1. 將殺好的魚洗淨，去頭尾、骨、皮、刺，將頭尾留下備用。再將魚肉切絲放入米酒1大匙中浸漬，並放太白粉1大匙、蛋白拌匀。

2. 火腿、香菇、蔥、薑均切成細絲待用。

3. 炒鍋下油，燒至140℃時，將魚肉絲放入油鍋中，以筷子撥散，至魚肉熟透呈白色時撈起。將預留的魚頭、尾蒸熟，擺在盤子兩旁。

4. 鍋內留餘油，放入香菇絲、蔥絲、薑絲略炒，再加入高湯、米酒1大匙、鹽，以太白粉水1茶匙調稀勾芡，再放入魚絲與火腿絲拌匀，加入香油拌匀，起鍋裝盤即成。

TIPS

▲ 魚肉本身很嫩，為避免魚肉分散，炒時不能一直翻炒。

材 料：

鱸魚 1尾（約500公克）‧洋火腿片 15公克
泡水香菇 3朵‧蔥 1支‧薑 1塊 （約10公克）
蛋白 1個

調味料：

米酒 2大匙‧ 鹽 1/4茶匙‧高湯 100cc
太白粉 2大匙‧太白粉水 1茶匙‧香油 適量
沙拉油 4杯

乾燒黃魚

🍳材　料：

黃魚 1尾 （約重600公克）・絞肉 115公克
薑末 1茶匙・蔥白 2支・辣椒 1根

🥢調味料：

酒釀 4大匙 ・高湯 200cc・醬油 6大匙
香油 適量・沙拉油 1/2杯

🍲**做　法：**

1. 魚去鱗、鰓、內臟，洗淨後，在魚身兩面各
   斜切3～4刀（1、2）。
2. 蔥白、辣椒切段待用。
3. 將炒鍋放在旺火上，倒入沙拉油至170℃
   時，放入黃魚煎至兩面呈金黃色，7～8分熟
   時鏟起（3）。
4. 鍋內留餘油，放入絞肉、蔥白、辣椒、薑末
   略炒，再放入黃魚、酒釀、醬油、高湯，以
   小火燜燒約10分鐘後將魚翻面，再燒至汁乾
   油亮時，淋入香油拌勻，即可盛盤。

芝麻魚卷

112

TIPS

▲魚肉亦可選用潮鯛魚片。

▲干燒的東西加入少許麥芽糖，可使食物表

材 料：

魚肉 2片（約150公克）・泡水香菇 2朵
洋火腿片 20公克・雞蛋 1個
燙熟竹筍 1支（約40公克）・蔥 1支
薑 1塊（約5公克）・熟白芝麻 2大匙

調味料：

吉士粉 2大匙・太白粉 4大匙・番茄醬 3大匙
高湯 60cc・米酒 1茶匙・烏醋 1茶匙
麥芽糖 1茶匙・糖 1大匙・胡椒粉 1/8茶匙
香油 適量・沙拉油 4杯

做 法：

1. 將魚肉斜切成10小片、薄厚均一的魚片，放入碗內，撒上胡椒粉及米酒拌勻。再將魚肉平放於砧板上，分別撒上太白粉1大匙。

2. 香菇、火腿、竹筍、蔥、薑切成細絲排整齊，均分成10份分別放在魚肉上，捲成魚卷，沾上吉士粉。

3. 雞蛋打勻，將做好的魚卷沾上蛋液，再分別沾上太白粉3大匙備用。

4. 高湯、麥芽糖、番茄醬、烏醋、糖調勻備用。

5. 炒鍋下油，燒至170℃時，放入魚卷，以中火炸至呈金黃色後，撈出瀝油。

6. 鍋內留餘油，倒入做法4，燒至濃稠時放入魚卷，撒上白芝麻翻炒數下，再加入香油拌勻，即可裝盤。

松鼠鱸魚

TIPS

▲ 魚肉身切劃十字交叉花刀，可先向左斜刀直切，再向右切直刀成交叉花刀，間隔約在 1～1.5 公分寬。

▲ 油溫的管控以 180℃ 為宜，放入魚身以中火油炸至熟，油溫太低，則會產生魚肉沾黏鍋底的情形，因此油溫須控制得宜。

▲ 青椒可燙熟或過油至熟，待調味醬煮勻時再放入，可保持青椒的脆綠。

做 法：

1. 胡蘿蔔、竹筍削粗皮切菱形片；青椒分別川燙熟後備用；辣椒去籽切菱形片；蒜頭切片；蔥切末；香菇切片。

2. 魚除魚鱗、去鰓、內臟，剁下魚頭、魚尾剖開不斷，成一大片，由背脊部片開魚肉兩側、去骨，在魚肉切上十字交叉花刀、皮不斷，間隔約 1～1.5 公分寬，用醃拌料略醃，稍瀝乾，連同魚頭、魚肉夾縫內皆沾滿乾粉。

3. 鍋內下油，燒至 180℃ 時，放入魚身以中火炸至熟，撈出瀝油，續放入魚頭，油炸呈金黃色熟時，撈出瀝油，放置於腰盤內整型排盤。

4. 鍋內下1大匙油小火炒香蒜片、辣椒片、蒜末、香菇片，續放竹筍片、胡蘿蔔片、青椒片、調味料，小火煮滾，勾薄芡加香油淋在魚身上即可。

材 料：

鱸魚 1尾 600公克・胡蘿蔔（切菱形片）15公克
竹筍（切菱形片）15公克・青椒（切菱形片）15公克
辣椒（切菱形片）1根・蒜頭（切片）2粒
蔥（切末）1支・香菇（切菱形片）2朵

醃拌料：

味精 1/4茶匙・鹽 1/4茶匙・米酒 1茶匙

乾粉料：

太白粉 4大匙・麵粉（混合調勻）2大匙

調味料：

鹽 1/8大匙・味精 1/4茶匙・番茄醬 3茶匙
糖 2大匙・醋 1大匙・醬油 1/2茶匙
高湯 250cc・香油 適量・太白粉水（勾芡用）

麒麟蒸魚

材料：

鱸魚 1尾 600公克・香菇（切長片）6朵
竹筍（切長片）30公克・火腿（切長片）6片
薑（切長片）15公克・蔥（切段）1支
青江菜（修葉片）6棵

醃拌料：

鹽 1/4茶匙・米酒 1茶匙

調味料：

味精 1/2茶匙・鹽 14茶匙・米酒 1茶匙
高湯 250cc・香油 適量・太白粉水（勾芡用）

做 法：

1. 香菇泡軟去蒂，切長方形片；竹筍去殼，削
   粗皮切長方形片川燙；火腿切長方形片；薑
   切長方形片；蔥切段；青江菜切除老葉柄，
   略切前葉葉端（1）。

2. 鱸魚刮除魚麟、去鰓、內臟，切下魚頭、魚
   尾，魚身從背脊處劃刀，取下魚肉、魚片，
   去魚刺（2）。

3. 將魚肉斜切成片，加入蔥、薑片，用醃拌料
   略醃。

4. 將魚頭放入腰盤內，放入魚肉片，取薑片、
   火腿片、竹筍片、香菇片，鑲夾在魚肉中
   間，鑲夾完成放上魚尾，按魚的原型排列

TIPS

▲ 魚剎下魚頭、魚尾，魚身的部份從背脊處劃刀，取下兩邊的魚肉，去刺，將魚肉切成長片，鑲夾配料，按魚的原型排盤。

▲ 魚肉可切長約 4 公分×寬 3 公分×厚 0.5 公分的長形片，配料的刀工須大小一致。

▲ 川燙青江菜時，可加入適量油、鹽以保持清脆度。

（3），入蒸鍋大火蒸 8 至 10 分鐘，取出瀝取湯汁。

5.青江菜用沸水川燙熟後，撈出瀝乾，放置魚肉兩旁。鍋內放湯汁、調味料小火煮滾，淋於魚身上即可（4）。

其他篇

四面環海的台灣得天獨厚，再加上悠久且兼容並蓄的飲食文化，讓我們可以品嚐到不同時令、風味各異卻鮮美異常的海鮮料理。

　　各地漁港的帶子、海參、雪螺、龍珠、鱔魚、鮮蚵，還有從四面八方送來的挪威鮭魚、北海道大閘蟹、法國生蠔，這些都是台式著名筵席常現的海味料理食材，也是家常烹煮的正港海味。

　　料理海鮮如果添加太多的調味料，容易掩蓋了海鮮最鮮美的原味，其實只要新鮮度夠，簡單烹調便很好吃，品嚐原汁原味才是嚐鮮的最高標準。紅燒、油炸以及其他烹調法，則具有多樣的不同風味，讓味覺更多變化，而海鮮豐富的蛋白質和多種營養成份，更符合人體健康的需求，本單元將帶子、海參、鱔魚、龍珠、鮮蚵等魚鮮，以涼拌、快炒、燒製、清蒸、酥炸等烹調法，教你在家輕鬆自學讓你更輕鬆了解海鮮類的烹煮方式，煮出海鮮真正的味道。

Other ingredients

沙拉帶子

材 料：
生帶子 300公克・鳳梨片 6片・奶水 10公克
白芝麻 1茶匙・沙拉 200公克

蛋 糊：
雞蛋 1個・水 1大匙・脆酥粉 5大匙

做 法：
1. 鳳梨片切成1/4大小鋪放於盤底；將蛋、水、脆酥粉調成蛋糊備用。
2. 生帶子沾上調好的蛋糊下鍋用小火炸8～10分鐘（1），待呈金黃色熟時，撈出瀝油。
3. 鍋內放沙拉、奶水拌勻（用小火炒），將炸好的帶子入鍋翻炒數下（2），再加入白芝麻拌勻，起鍋鋪於切好的鳳梨片上即成。

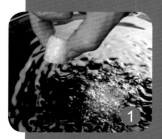

118

蟹燒海參

TIPS

▲海參不宜燒燴太久。
▲如果沒有蟹黃,亦可用熟的鹹蛋黃代替。
▲燙青菜時,如欲保持色澤翠綠,應先在水裡放入些許油,同時將鹽按份量放勻。

做 法:

1. 竹筍、香菇切片;將海參以刀片成大柳葉片,川燙後撈起瀝乾。
2. 螃蟹洗淨後蒸熟,分別取出蟹黃、蟹肉。
3. 青江菜燙熟鋪於盤底。
4. 炒鍋放入1大匙油,加入1茶匙蔥和些許薑末稍煸,再放入蟹黃翻炒數下,再倒入2茶匙米酒炒出香味,備用。
5. 鍋內放入1大匙油,放入1茶匙蔥和些許薑末稍煸,隨即放入蟹肉、海參片炒出香味,再加烏醋、糖、米酒2茶匙、高湯、醬油、辣豆瓣醬、海參、竹筍、香菇。
6. 待燒燴入味後,加太白粉水1茶匙調稀勾芡,淋上香油拌勻,起鍋裝盤,再將做法4蓋在海參上,撒上胡椒粉即成。

材 料:

水發海參 250公克・煮熟竹筍 1支(約60公克)
螃蟹 1隻・泡水香菇 3朵・青江菜 8根
蔥末 2茶匙・薑末 1/2茶匙

調味料:

白胡椒粉 少許・香油 少許・米酒 4茶匙・高湯 4大匙
醬油 1大匙・烏醋 1大匙・糖 1/2茶匙
辣豆瓣醬 1大匙・太白粉水 1茶匙・沙拉油 2大匙

黃瓜雪螺

TIPS

▲ 喜歡辣口味，亦可添加辣豆瓣醬調味，也是另一種風味。

材料：

雪螺 200公克・豆豉 10公克
小黃瓜 50公克・沙拉油 1大匙
青蒜苗 20公克・薑 5公克
蒜頭 15公克・辣椒 1根
九層塔 2公克

調味料：

1. 米酒 1茶匙・高湯 1大匙・醬油膏 2大匙
   糖 1/2茶匙、梅林辣醬油 1/8茶匙
2. 香油 適量

做 法：

1. 鍋內放水煮滾，續放雪螺用小火汆燙熟後撈出（1）。
2. 用刀面輕拍小黃瓜身，再切塊；青蒜苗切粒；薑切末；蒜頭切末；辣椒切小丁；九層塔摘去粗莖留嫩葉。
3. 熱鍋用1大匙油，小火炒香薑末、蒜末、辣椒、豆豉，續放蒜苗粒、小黃瓜塊、雪螺翻炒數下（2）。
4. 加調味料1大火拌炒，加入九層塔炒勻，淋上香油拌勻起鍋即可盛盤。

沙茶螺肉

🥘 做　法：

1. 螺肉洗淨；九層塔摘去莖留嫩葉；薑切米粒；蒜頭切末；辣椒切小丁；蔥切蔥粒。
2. 鍋內放水煮滾，將螺肉汆燙15秒撈出（1）。
3. 熱鍋用1大匙油，小火炒香薑末、蒜末、辣椒、蔥粒，續放螺肉翻炒數下（2）。
4. 加調味料1大火拌炒，待螺肉熟時加入九層塔，淋上香油拌勻即可盛盤。

TIPS

▲ 螺肉在用水川燙時可添加1茶匙白醋，吃起來的螺肉會較有脆度。

🔪 材　料：
生螺肉 260公克・九層塔 20公克
薑 10公克・蒜頭 15公克
辣椒 1根・蔥 1支　沙拉油 1大匙

🧴 調味料：
1. 米酒 1茶匙・醬油膏 1 1/2大匙
　 糖 1/4茶匙・沙茶醬 1大匙・烏醋 1/8茶匙
2. 香油 適量

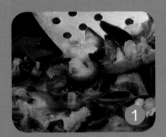

椒鹽龍珠

TIPS

▲ 龍珠即是花枝或中卷的嘴巴，可直接沾粉炸或燙熟後裹粉油炸，可用170℃的油溫炸約1分鐘，呈金黃酥脆時撈出。

材料：

龍珠 180公克・花生 60公克
香菜 10公克・蒜頭 15公克
辣椒 1根・蔥 1支・沙拉油 1杯

調味料：

1.蛋黃粉（吉士粉）1大匙・麵粉 1茶匙
2.鹽 1/4茶匙・胡椒粉 1/8茶匙
　梅林辣醬油 1/8茶匙
3.香油 適量

做 法：

1.鍋內放水煮滾，續放龍珠用小火煮3分鐘，撈出待涼，加入調味料1拌勻。
2.香菜洗淨切碎；蒜頭切末；辣椒切小丁；蔥切蔥花。
3.鍋內放1杯油燒至170℃時，用中火將龍珠炸至呈金黃色酥脆時（1），撈出瀝油。
4.熱鍋用1大匙油，小火炒香蒜末、辣椒、蔥花，續放龍珠、花生、香菜碎翻炒數下（2）。
5.加調味料2大火拌炒，淋上香油拌勻起鍋即可盛盤。

1

2

芝麻酥鱔

🍲 做　法：

1. 鱔魚洗淨切成5公分的長段（1）；乾香菇泡水使其軟化，去蒂切成長條。
2. 將調味料1調勻成麵糊；油條切塊；薑切成末；蔥切成末。
3. 鱔魚及香菇分別沾上麵糊。
4. 鍋內放1杯油燒至170℃時，放入油條炸至酥脆撈出，盛於盤中，續放鱔魚、香菇條，油炸成金黃色熟時撈出（2）。
5. 熱鍋用1大匙油，小火炒香薑末、蔥末，續放調味料2，用小火慢煮至汁濃稠時，加入鱔魚、香菇條、白芝麻翻炒數下，淋上香油拌勻即可盛盤。

TIPS

▲ 鱔魚、香菇條油炸的溫度可用170℃的油溫約炸1分鐘，呈金黃色酥脆熟時撈出。

🔪 材　料：

鱔魚 180公克・蔥 1/2支
乾香菇 4朵・雞蛋 1個
油條 1/2根・沙拉油 1杯
熟白芝麻 10公克・薑 10公克

🧂 調味料：

1. 水 1大匙・鹽 1/8茶匙・蛋白 1茶匙
   麵粉 3茶匙
2. 米酒 1茶匙・高湯 4大匙・糖 1大匙
   醬油膏 2大匙・五香粉 1/8茶匙・烏醋 1茶匙
3. 香油 適量

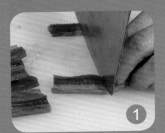
①

②

蒜泥鮮蚵

TIPS

▲在川燙已沾上地瓜粉的生蚵時，可在水快煮滾時再放入生蚵燙熟，鮮蚵先汆燙可去除其特有之黏液及腥味。

▲川燙韭黃時可在水中添加適量的鹽，以保持韭黃的鮮嫩。

▲鮮蚵不耐久炒，因之調味料應先調勻，先入鍋拌炒，最後淋於鮮蚵上，這樣才不會失去其鮮嫩潤滑之口感。

材 料：
生蚵 200公克・韭黃 100公克
蒜頭 15公克・辣椒 1根
沙拉油 1大匙

調味料：
1.地瓜粉 6大匙
2.高湯 1大匙・米酒 1茶匙・醬油膏 3大匙
　糖 1/4茶匙・香油 1/4茶匙

做 法：

1.生蚵放水中去掉硬殼，用水漂洗乾淨、瀝乾水份（1）。

2.韭黃摘去老葉切成 3公分的段；蒜頭切末；辣椒去籽切末。

3.鍋內放水煮滾，將韭黃川燙熟後撈出，瀝乾水份擺盤中；生蚵逐個沾上地瓜粉，續放滾水中川燙熟後撈出，放於韭黃上。

4.熱鍋用 1大匙油，小火炒香蒜末、辣椒末，續加調味料2拌勻（2），待濃稠時倒於生蚵上即成。

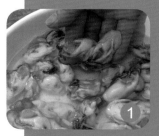

豆瓣炒蜆仔

做 法：

1. 蜆仔泡在水中吐砂，約1小時後洗淨、瀝乾。
2. 番茄切小丁；芹菜切粒；薑切末；蒜頭切末；辣椒切小丁；蔥切小丁；九層塔摘去老根留嫩葉。
3. 熱鍋用1大匙油，小火炒香薑末、蒜末、辣椒、蔥粒，續放番茄丁、芹菜粒、蜆仔翻炒數下（1）。
4. 加調味料1，蓋上鍋蓋，用中火燜至蜆仔全開（2），最後加九層塔拌勻，淋上香油拌勻即可盛盤。

TIPS

▲ 炒蜆仔時蓋上鍋蓋是要讓蜆仔的殼提早打開再快速拌炒，以免煮太久蜆仔的肉質會變得小且硬。

材 料：

蜆仔 300公克・九層塔 10公克
番茄 50公克・沙拉油 2大匙
芹菜 15公克・薑 10公克
蒜頭 15公克・辣椒 1根・蔥 1支

調味料：

1. 米酒 1大匙・高湯 10大匙
   醬油膏 1 1/2大匙・黑豆瓣醬 1大匙
   糖 1/2茶匙・烏醋 1/2茶匙
2. 香油 適量

蒜泥九孔

TIPS

▲九孔有分野生與人工養殖,野生九孔的肉質比較緊實,人工養殖的九孔口感較鮮嫩;將之過燙後涼拌,口感爽脆;若加入冰糖蒸食,具有消痰、治咳功效。

材料:

蒜末 2大匙・鴻喜菇 60公克・美白菇 60公克
九孔 6個・蔥 1/2支,切碎・沙拉油 1杯

調味料:

1. 米酒 1茶匙・高湯 2大匙・醬油膏 1茶匙
   醬油 1/2茶匙・蠔油 1茶匙
   BB美美辣醬 1/2茶匙・細冰糖 1/2茶匙
2. 香油 適量・沙拉油 1/2茶匙

做 法:

1. 鍋內下油燒至 160℃,放入蒜末油炸金黃色酥時,撈起瀝油,即成蒜頭酥。
2. 將調味料1倒入鍋中用小火煮滾,關火拌入蒜頭酥成醬汁備用。
3. 鴻喜菇、美白菇入滾水中,加適量鹽,川燙熟時撈出擺盤;鍋內放水煮滾,放入九孔,待滾時即關火,浸泡 5分鐘熟時撈出,待涼將九孔嘴部拔除(1),取九孔肉放於川燙熟的菇類上,淋上蒜泥醬(2)。
4. 入蒸鍋內以中火蒸 1 1/2 分鐘取出,放上蔥花;鍋內放調味料2燒熱,淋於蔥花上即成。

辣醬田雞

做 法：

1. 田雞洗淨，剁成2公分大小的塊狀，加入調味料1拌勻，醃15分鐘。
2. 草菇逐個對半切；竹筍去殼，削去粗皮，切滾刀塊；荷蘭豆摘除蒂，撕去老莖；蒜頭切末；辣椒切小丁；蔥切成段。
3. 鍋內放1杯油燒至170℃時，將田雞油炸至金黃色熟時撈出；續放竹筍塊油炸10秒後，撈出瀝油。
4. 熱鍋用1大匙油，小火炒香蒜末、辣椒、蔥段，續放草菇、竹筍略炒，再加入田雞塊、荷蘭豆翻炒數下如（1）。
5. 加入調味料2大火拌炒，用調味料3勾薄芡，淋上適量的香油拌勻即可盛盤。

TIPS

▲ 在炸田雞時，可用中火（約170℃左右）油炸3～4分鐘，待呈金黃色熟時，即可撈出。

▲ 筍先過炸再烹炒，會較直接炒製更為形美色佳，且更鮮脆甘醇。

材 料：

田雞 280公克・草菇 80公克・竹筍 30公克
荷蘭豆 10公克・蒜頭 15公克・辣椒 1根
蔥 1支・沙拉油 2杯

調味料：

1. 米酒 1/2茶匙・鹽 1/4茶匙
   胡椒粉 1/8茶匙・地瓜粉 2大匙
2. 米酒 1茶匙・高湯 3大匙・辣豆瓣醬 1大匙
   糖 1茶匙・烏醋 1/4茶匙
3. 太白粉 1/4茶匙・水 1/2茶匙
4. 香油 適量

涼拌蜇絲

TIPS

▲海蜇絲、小黃瓜絲、蒜蓉、薑絲、辣椒絲，沾點調味料混合拌勻，口感軟嫩、味香，脆又有嚼勁，搭配的調味料能因個人喜好而更改，可清爽亦可拌入蝦醬、魚醬等重口味。

材料：

海蜇絲 300公克・辣椒 1根，切絲
小黃瓜絲 100公克・蒜末 1茶匙
薑絲 10公克

調味料：

柴魚精 1/2茶匙・糖 1/2茶匙・醬油膏 2大匙
烏醋 1/2茶匙・香油 2茶匙

做 法：

1. 海蜇絲洗淨放入盆中備用。
2. 鍋內放水煮滾，隨即倒入海蜇絲，用熱水拌勻海蜇絲至收縮 (1)，再沖洗、泡冷開水至發脹、無鹽份 (2)，撈出，瀝乾水份。
3. 將海蜇絲、小黃瓜絲、蒜末、薑絲及辣椒絲，加調味料混合拌勻即成。

鹹蜆仔

做　法：

1. 蒜頭拍碎；薑切片；辣椒切片；鐵盆中倒水，放入蜆仔，水量需將蜆仔全部蓋過，讓蜆仔吐沙再洗淨。

2. 鍋內放水，以隔水加熱的方式將吐完沙的蜆仔連盆放入鍋內，開小火約煮 8～10 分鐘，待內鍋水溫用手掌觸摸至微燙手、蜆仔殼微開時，將蜆仔端離火旁，取出瀝乾，瀝取湯汁（蜆仔呈 7～8 分熟狀態），水的溫度約 70～80℃ 左右，摸起來微燙手。

3. 將醃料1、蒜頭、薑片、辣椒片、話梅混勻，再拌入 2 杯蜆仔湯汁，放入蜆仔浸泡 1 天即成 (1)。

1

TIPS

▲ 滑溜軟嫩的蜆肉、鹹鹹的醬油配上蒜頭，鮮甜多汁，無法抗拒。

材　料：

蜆仔 300公克・蒜頭 6個・薑 15公克
辣椒 1根・話梅 1粒

醃　料：

1. 米酒 2大匙・糖 1/2茶匙・醬油 2大匙
醬油膏 2大匙・烏醋 1茶匙・甘草粉 1/8茶匙
2. 煮蜆仔湯汁 2杯

乾燒河鰻

TIPS

▲ 因為鰻魚有細刺，所以在食用的時候千萬要小心，別因為貪吃而讓魚刺卡在喉嚨，鰻魚有分兩種，一種是海鰻，一種就是我們常見的河鰻，但是不管如何，它細膩的口感，總是贏得我們的選擇。

材 料：

鰻魚片 1尾 400公克・薑汁 1/2茶匙
檸檬汁 1/6個・高麗菜絲 80公克
香菜碎 20公克・柴魚片 10公克
熟白芝麻 1/4茶匙・沙拉油 5杯

醃 料：

雞粉 1/8茶匙・米酒 1茶匙・雞蛋 1/2個
醬油 1茶匙・胡椒粉 1/8茶匙・五香粉 1/8茶匙

沾粉料：地瓜粉 7大匙

調味料：

1. 沙拉油 1大匙・米酒 130公克・糖 5大匙
   醬油膏 100公克
2. 香油 適量

做 法：

1. 鰻魚片去頭、骨、洗淨，放在砧板上，在鰻魚肉面先切十字花刀（間隔約 0.5 公分），再以直刀剁數下（間隔約 0.5 公分），用醃料拌勻醃漬 15 分鐘，沾上地瓜粉輕壓備用。
2. 高麗菜絲、香菜洗淨瀝乾，放盤底，續放上柴魚片。
3. 鍋內下油燒至 170℃ 時，放入鰻魚片，以中火油炸 7 分鐘呈金黃色酥脆熟時，再以大火搶酥，撈起瀝油。
4. 鍋內放入調味料1小火煮至濃稠時，隨即加入薑汁、檸檬汁、炸好鰻魚片，快速拌勻，淋香油拌勻鏟起，切塊擺盤，撒上白芝麻即成。

網油蚵卷

做 法：

1. 豬油網漂水洗淨，瀝乾，分切成 6 張：青韭菜切 0.3 公分的粒；生蚵用滾水川燙熟時，瀝乾水份。

2. 熱鍋下適量油小火炒香絞肉，續加高湯、調味料小火拌炒至絞肉入味，再用麵糊勾芡，拌勻、待涼，拌入韭菜即成餡料；雞蛋打勻備用。

3. 豬油網平鋪於砧板上，撒適量太白粉，放入餡料、燙熟生蚵，先捲起，再由左、右兩邊折向中間捲緊，逐個沾上太白粉；再沾上蛋液備用。

4. 鍋內下油燒至 160℃，放蚵卷以中小火油炸 3 分鐘呈金黃色熟時撈起瀝油，擺盤即成，吃食可沾番茄醬佐食。

TIPS

▲ 以豬網油包裹韭菜、絞肉、油蔥酥、蚵仔等過油炸，擁有外硬內軟、外脆內香的口感，加上不帶腥味的味鮮甘美，直叫人齒頰留香，引人嘴饞。

材 料：
豬油網 1張（150公克）‧蚵仔 80公克
青韭菜 40公克‧絞肉 150公克‧雞蛋 1個
沙拉油 3杯‧高湯 2大匙‧太白粉 2大匙

調味料：
雞粉 1/4茶匙‧糖 1/4茶匙‧鹽 1/8茶匙
油蔥酥 1茶匙‧香油 1/2茶匙

麵 糊：
麵粉 1大匙 ‧水 2大匙，調勻成麵糊水

通心河鰻

做 法：

1. 殺好鰻魚洗淨，分切成 5 公分的長段；芋頭削皮切滾刀塊；酸菜心取厚葉片泡水去鹽份，分別和泡水香菇切成三角長條形；洋火腿切成三角長條形；蔥切段。

2. 鍋內下油燒至 170℃，分別放入蒜頭、蔥段油炸金黃色，撈出瀝油即成蔥燒；再放入芋頭塊炸至金黃色熟時，撈出瀝油；續放入鰻魚塊以中火油炸至全熟，撈出瀝油（1）。

3. 利用筷子將鰻魚骨刺穿，取出魚骨（2），分別穿入酸菜、香菇、洋火腿條。

4. 取一扣碗鋪上保鮮膜，放入已完成的鰻魚塊，續放入蔥燒、芋頭塊填平（3），入蒸籠蒸 1 小時，熟時取出，倒扣於盤內；鍋內放調味料1煮滾，用太白粉水勾芡，加香油拌勻，淋於鰻魚上即成。

TIPS

▲ 鰻魚豐富的營養價值、鮮嫩細膩的口感，搭配芋頭，一口咬下，鮮嫩多汁，味道極佳。

材 料：

鰻魚 1尾 450公克・芋頭 450公克
酸菜心 30公克・蔥 1支・泡水香菇 2朵
火腿 35公克・沙拉油 4杯・蒜頭 6粒
保鮮膜 1張

醃 料：

雞粉 1/8茶匙・米酒 1茶匙・雞蛋 1/2個
醬油 1茶匙・胡椒粉 1/8茶匙・五香粉 1/8茶匙

調味料：

1. 高湯 400公克・米酒 1大匙・醬油 1大匙
   蠔油 1 1/2大匙・糖 1/2茶匙
   胡椒粉 1/4茶匙
2. 太白粉水 適量
   香油 適量

Cooking 06

古早味 海鮮料理

國家圖書館出版品預行編目 (CIP) 資料

古早味海鮮料理 / 潘宏基著 . -- 一版 . -- 新北市：優
品文化事業有限公司, 2021.05 136 面；19x26 公
分 . -- (Cooking；6)

ISBN 978-986-5481-06-3(平裝)

1. 海鮮食譜 2. 烹飪

427.25   110007626

作　　者	潘宏基
總 編 輯	薛永年
美術總監	馬慧琪
文字編輯	廖平安
攝　　影	張伯倫
出 版 者	優品文化事業有限公司 電話：(02)8521-2523 傳真：(02)8521-6206 Email：8521service@gmail.com （ 如有任何疑問請聯絡此信箱洽詢 ） 網站：www.8521book.com.tw
印　　刷	鴻嘉彩藝印刷股份有限公司
業務副總	林啟瑞 0988-558-575
總 經 銷	大和書報圖書股份有限公司 新北市新莊區五工五路 2 號 電話：(02)8990-2588 傳真：(02)2299-7900
網路書店	www.books.com.tw 博客來網路書店
出版日期	2021 年 5 月
版　　次	一版一刷
定　　價	320 元

上優好書網

LINE
官方帳號

Facebook
粉絲專頁

YouTube
頻道